SHODENSHA
SHINSHO

の軍事力　日本の防衛力

徹宗

祥伝社新書

まえがき

2013年3月に中国で開催された「全国人民代表大会（全人代＝国会）」において、中国政府は今年度の国防予算を、25年連続で二桁増となる前年度実績比10・7％増の11兆1000億円と発表した。同じ年度の日本の防衛費が4兆6804億円であることからすると、公表額だけでも日本の2・4倍になる。だが実際にはこの額にとどまらず、この倍以上となる22兆円から25兆円に達するものと推測される。

さらに注目する必要があるのは、治安対策予算として警察や人民武装警察などに割り当てられる「公共安全」予算が、前年度実績比8・7％増の11兆5400億円となって、3年連続で国防予算を上回ったことである。

この国防費と治安対策費を単純にプラスすると22兆円超となるが、西側諸国が懸念する実質国防費で計算すると、33兆円から36兆円にもなる。このことは中国が巨大な軍事警察国家であると同時に、人民の不平・不満が膨張しつつあることを証明するものであり、政権はそのためのガス抜きを日本へ開戦することで、政権の維持と強化を図る公算を高めようとしていると見なければならない。

日本は、こうした隣国に対して、いかなる対応をすればよいのであろうか。国際常識も国際ルールもまったく通用しない無法国家に対して、日米同盟の深化や国連外交だけで、中国の侵略を避けることは不可能である。

翻《ひるがえ》って日本の現状を見ると、防衛費は5兆円以下であるうえに、「大綱《たいこう》」では「動的防衛力」などという意味不明の造語をつかって、予算不足を糊塗《こと》するような対応しかしていない。装備において質量ともに中国より圧倒的に劣るだけでなく、肝心の同盟国である米国からも最新鋭の戦闘機である「F-22」を売却してもらえず、1ランク下で、価格も1機200億円近くもする「F-35」戦闘機の提供を受けるだけである。

ところが一方で、中華思想を持つ「ならず者国家」に対して、親中感情や媚中《びちゅう》感情を抱く日本人が依然として多いのも事実である。このことは戦後の日教組による教育もさることながら、日本人は大陸に居住してきた民族の資質をまったく理解せず、話し合えば必ず誤解は解け、平和的に解決できると信じる者が多いことに起因する。だが、これはまったくの幻想であることに一刻も早く目覚めなければならないのである。

「一衣帯水《いちいたいすい》」などという言葉に騙《だま》されてはならず、東シナ海や対馬《つしま》海峡を隔てただけで、中国人が日本人とはまったく異なる民族資質を持っていることを理解しておかねばならない。筆者は人種差別的観点から指摘しているのではなく、民族的資質が根本的に異なっていることを理解しなければならないと警告したいのである。

日本は環境汚染に対しても優れた技術を保持しているが、親中派の政治家や官僚は、中国の深刻な大気汚染、環境汚染に対しても、これらの技術を無償で援助すれば感謝されると考えているようであるが、これは甘い期待である。たとえそれによってクリーンな空気を取り戻しても、中国は独自技術で解決したと人民に説明するであろうから、日本の好意はなんら意味をなさない。中国政府が人民に日本からの技術で除染ができたなどと真相を明かしてしまえば、政権の維持がむずかしくなるから、決して本当のことは言わない。

日本は、真剣かつ早急に国家戦略を立ち上げるときに来ているのである。

平成25年3月吉日

杉山《すぎやま》 徹宗《かつみ》

目次

目次

2章　中国国家戦略の実相

4章　先細る日本の防衛力

（3）日本が世界最強国家となる日

プロローグ　日本は国土を守れるのか

日中開戦を煽《あお》る中国メディア

２０１３年に入ってから、中国の主要メディアである「環球時報」、「解放軍報」、「国営中央テレビ」などの官製メディアは、日本との戦争を想定した座談会を掲載したり、軍事衝突を想定した特集番組を、連日のように放送したりしている。

しかも北京《ペキン》で行なわれたシンポジウムでは、「論争の中心は対日戦争を小規模にとどめるか、全面戦争に突入するかが焦点になりつつある。小規模戦争を主張する人はハト派と呼ばれ、批判されるようになっている」と、産経新聞が報じている（２０１３年1月14日付）。

実際、２０１３年1月10日には、中国製の新鋭戦闘機である「Ｊ－7」と「Ｊ－10」が、尖閣《せんかく》諸島周辺の防空識別圏を侵犯し、航空自衛隊の「Ｆ－15」戦闘機が緊急発進している。しかも同じ日に、中国戦闘機が日中中間線付近を哨戒《しょうかい》飛行していた米海軍の「P-3C」哨戒機と、電子偵察機、および米空軍の「C-130」輸送機に急接近し、執拗《しつよう》に追尾するなど圧力をかけている。

さらに、翌11日には中国・国家海洋局の航空機「Y-12」が尖閣諸島の防空識別圏に侵入するなど、日本領空への接近飛行を繰り返している。

人民日報系の「環球時報」は、その社説で「日本が中国機の哨戒活動を妨害しつづければ、日中の戦闘機が衝突する日が必ず来る」と警告しているし、1月14日に国家安全政策委員会副秘書長を務める彭光謙《ほうこうけん》少将は、中国新聞社が主催する座談会で、「日本が警告射撃となる曳光弾《えいこうだん》を一発でも撃てば、中国はただちに反撃し、2発目を撃たせない」と発言している。

警告射撃は、国際法で認められた措置で、領空侵犯をさせないよう自国航空機が相手の航空機と同じ方向に横並びで飛行し、相手機の前方に曳光弾を発射するものであり、相手機に危害を加えるものではない。

また軍事科学学会副秘書長の羅援《らえん》少将は、1月15日、「人民日報」のニュースサイトで、「われわれは戦争をまったく恐れていない、一衣帯水《いちいたいすい》と言われる中日関係を一衣帯血にしないよう、日本政府に警告する」と恫喝《どうかつ》している。

これを証する事例がすでに連続して発生している。すなわち1月19日に海上自衛隊のヘリコプターに対して中国のフリゲート艦が射撃レーダーを照射し、続いて同月30日には、護衛艦に対しても射撃レーダーを照射したのである。

こうした時期に訪米した小野寺五典《おのでらいつのり》外相がクリントン米国務長官との会談で、米側が「中国が日本の施政権を害そうとするいかなる行為にも反対する」と述べ、尖閣諸島をめぐる中国の挑発行為に強く自制を求めたが、中国外交部の秦剛《しんごう》報道官は、強い不満と断固とした反対を表明するとともに、「米国は言行を慎むように」とする談話を発表している。

日本が尖閣諸島の国有化を表明した2012年9月以来、中国は執拗に尖閣諸島の領有権を主張し、日本領海や領空の侵犯を繰り返して日本を挑発しているが、その目的は、国内人民の共産党政府に対する不平・不満がいっそう厳しくなっていることを受けて、人民の目を、日中軍事衝突に逸《そ》らす絶好の機会と捉《とら》えていると見てよいであろう。

それほど、中国は格差社会となって人民の不平・不満が渦巻いており、このまま放置すれば、共産党政府は崩壊する危機に立たされているからである。

もちろん、中国政府が日本との開戦を望むのは、その軍事力にある。すでに数百発の核爆弾と、弾道ミサイルを保有して、米国でさえ、戦端を開くことができない「相互確証破壊戦略」を構築している中国は、日本と戦っても絶対に負けないという自信があるのである。

人民を裏切った中国政府

1921年に「共産党」を立ち上げた毛沢東《もうたくとう》が、蔣介石《しょうかいせき》が主導する「国民党」と内戦を行なったのは1945年から49年にかけてのことで、結局、国民党は中国大陸から台湾へと追い落とされ、共産党政権が1949年10月に誕生した。

毛沢東は、ソ連を模倣して計画経済と人民公社制を敷き、毎日の飢えに苦しんでいた人民に食糧を供給することで人民から絶大の支持を得ることができたが、共産主義の欠陥は、労働の価値を平等と捉え、いかなる職種にあっても収入も地位も平等で、かつての富裕地主や資本家を人民搾取《さくしゅ》の元凶として排除していったことである。

そうであればこそ、人民は、外国軍の侵略を阻止するために「ズボンを穿《は》かなくとも原爆を開発する」とした毛沢東の政策を支持してきた。内陸部の農民も沿岸部の都市住民も、共産党政府の無謬《むびゅう》性を信じて生活をしてきたのである。

ところが、朝鮮戦争、ベトナム戦争、中ソ紛争、中越戦争など一連の戦争を経て、国家経済の破綻《はたん》と人民解放軍の軟弱振りが露呈されると、共産党政府は共産主義理論の過《あやま》ちに気がついて日米などとの国交を回復させるとともに、改革開放路線を掲げて資本主義経済への邁進《まいしん》を宣言した。それが１９７８年である。

ただし、改革開放路線で莫大な利潤を挙げたのは、先進国からの投資を受けた沿岸部諸都市に居住する人民たちであり、農村部の人民は取り残される結果となった。鄧小平《とうしょうへい》らの政府指導者は「先富論」を掲げ、先に富を築いた者がその利益を農村部にも配分することを考えていたわけだが、都市部住民は政府の言う分配論に強く抵抗した。

中国人の民族的資質は、利己主義の塊《かたまり》といってもよく、富を手にした者は貧困層に対して「彼らは努力をしないから貧しいのであって、自分たちは努力したから財産を築くことができた。その財産をなぜ、努力しない貧困者に分ける必要があるのか」という認識を強く持っている。

第一、人民に対して模範を示さなければならない共産党政府の幹部や官僚、さらに小役人たちが、自らの富を蓄えることに汲々とし、その富を農民たちに分配する気などまったくない。

こうして現在の中国社会には、極端な富裕層と貧困層が形成されたが、先進国のように中間層がほとんどいない社会になっている。農民からすれば、共産党政府の先富論に騙《だま》されたという認識が強い。そのうえ政府が社会インフラを進めたり、工場建設を行なうときには、人民の居住地や家屋を充分な補償なく強制収用しているため、居住地を奪われた人民は政府に対して怨嗟《えんさ》の感情を持つことになった。

要するに共産党政府が自国人民の資質を理解しないままに、共産主義から資本主義へと急転換したことが、現在の混乱を招いていると言っても過言ではない。この人民の不満の目を対外戦争に逸《そ》らそうというのが政府の意図であり、その恰好《かっこう》のターゲットにされたのが「日本」である。

老獪《ろうかい》な独裁政権は、建国した1949年当初から反日歴史教育を徹底し、将来の政権危機に備えていたとも言えよう。

日本は中国の攻撃に耐えられるか

一方、中国人民の不満のハケ口とされた日本は、いかなる対応をしてきたのであろうか。日本は、バブルが崩壊した1991年以来、少子高齢化社会の到来で、国内消費市場は冷え込み、輸出産業にしても中国や韓国など新興国の追い上げにあって、得意とした自動車、鉄鋼、造船、家電、情報機器などの分野でも、苦戦を強《し》いられてきた。

このため、13億の人口を持つ中国へ生産拠点と販売拠点を移して、利潤を挙げようと巨額の投資を行なってきたわけであるが、利潤追求に目が眩《くら》んだ日本企業は、中国という独裁国家の体質と人民の資質を理解することなく、資本と技術を投入しつづけてきた。

だが結果からすれば、中国に技術を盗まれ、日本製品と同じ製品を作られて半分の価格で輸出され、日本企業の市場を、いっそう狭《せば》める結果を生んでいる。

危機管理の要諦《ようてい》からするならば、反日教育を行なっている中国と韓国には、決して技術を渡してはならなかったのであるが、平和・友好のキャッチフレーズに踊らされて、政府も官僚もメディアも、中国という国家の本質を見ようとしなかった。

江沢民《こうたくみん》が国家主席に就任すると、反日歴史教育はより徹底され、中国全土に200もの反日映画を上映する映画館と、100カ所もの抗日戦争博物館が建設され、現在では、夜のゴールデンタイムと言われる7時から9時の時間帯に、反日的テレビ番組が放映され、富者も貧者も一日の疲れとストレス解消に反日作品を楽しんでいる。

このため、日中戦争の歴史さえよく知らない若い世代が、日本憎しとして共産党政府の指示の下、反日デモやサイバー攻撃を行ない、常軌を逸《いっ》した略奪や、日の丸を焼くなどの行為を平然と行なうことになる。

まして、尖閣諸島のような領有権問題になると、自国の領土と信じ込まされている人民は、狂気の行動を取っても罪悪意識は何もない。

翻《ひるがえ》って、日本政府の対応は、2010年9月に尖閣諸島沖で海上保安庁の巡視船に体当たりをした中国人船長を、さっさと釈放するという醜態《しゅうたい》を演じたために、中国はますますつけ上がり、人民はそれを支持するという構図を生んでいる。

では、中国軍と自衛隊が万一、尖閣諸島沖合で軍事衝突をした場合、自衛隊はこれを撃退できるかとなると、短期戦はともかく長期戦や総力戦となった場合には、尖閣諸島も沖縄も、防衛することはきわめて困難である。なぜなら、中国は自衛隊の持つ装備と同レベルの優秀な兵器を、日本の数倍も保有しているからである。

第一、日本の現行憲法では侵略軍を排除するための軍事力行使さえ禁じている。したがって、座して人民解放軍の軍事占領を招くことになる。そうならないために、日本は米国に防衛の肩代わりを依存しているわけだが、頼みの米国は、経済的にも年々低下を来《きた》しており、東アジアへの関与の度合が次第に弱くなっている。

しかも日本人は、長年の日教組教育によって自虐史観と贖罪《しょくざい》意識が強烈に刻まれており、中国や韓国に対して「銃」を取って戦う気力はまったくなく、相手の要求さえ呑《の》めば事は収まると考えている。似非《えせ》平和と似非友好に毒されていると言っても過言ではない。

このため、国家を防衛する自衛隊の存在を長らく否定してきたし、米国の軍事力に任せてきたことさえ認識していない能天気な国民になっている。したがって、自衛隊と人民解放軍の戦力を冷静に比較したこともないし、尖閣諸島の領有権を主張する中国のことは、米国がなんとかしてくれるだろうくらいにしか、考えていないのが実態であろう。

だが、中国人民解放軍の持つ戦力は、すでに米国と対等に近くなろうとしているから、日本単独で戦うことはもはや不可能な状態となっている。そこで、まず1章で中国の軍事力を俯瞰《ふかん》することから本書をスタートさせたい。

1章　中国軍事力の実態

(1) 戦略ミサイル部隊の実態と能力

「第一列島線」「第二列島線」とは何か

中国の軍事力は大きく分ければ、①戦略ミサイル部隊（第二砲兵部隊）、②陸軍、③海軍、④空軍の4種からなっている。2013年現在の総兵力は237万人ほどで、内訳は陸軍160万、海軍25・5万、空軍42万、戦略ミサイル部隊10万である。中国全土は7軍区に分けられており、特に海軍、空軍、戦略ミサイル部隊の保有する兵器に、顕著な近代化が見られる。

本書では、紙面の都合もあるため、代表的な装備に限って説明するが、中国軍の数量と質は公表されておらず、あくまでも西側の研究機関の調査によるものであることも、お断わりしておきたい。

ここで、中国の軍事力の全貌を俯瞰《ふかん》する前に、中国の軍事的防衛ラインの概念である

「第一列島線」と「第二列島線」という言葉について触れておこう。

もともとは1982年に鄧小平《とうしょうへい》の意向を受けた当時の海軍司令官、劉華清《りゅうかせい》が打ち出した人民解放軍近代化計画の中の概念で、当初は、当時の中国の国力からいっても防衛的色合いが強く、必ずしも世界覇権戦略を念頭に置いたものではなかった。だが、冷戦の終結とソ連崩壊、その後の中国の急速な経済発展と軍の増強が相まって、現在では米国に対する防衛戦略、さらには世界覇権戦略の一環として、この概念が使われている。

「第一列島線」とは、九州を起点に、沖縄、台湾、フィリピン、ボルネオ島を結ぶラインで、中国海軍にとって、台湾有事の際の作戦海域であり、南シナ海、東シナ海、日本海に米空母、原子力潜水艦が侵入するのを阻止することを目的とする。「領海法」を制定して、南沙諸島、西沙諸島、尖閣諸島の領有を一方的に宣言したのも、その一環と考えると分かりやすい。ただし、関係諸国にとっては、迷惑このうえない話である。

「第二列島線」は、伊豆諸島を起点に、小笠原諸島、グアム・サイパン、パプアニューギニアを結ぶラインで、有事の際に中国海軍が米海軍の増援を阻止・妨害する海域と規定されている。つまり、東アジアの全海域における中国の覇権を確立し、この地域に米国の影響力が及ばないようにすることが目的である。

この目的が成就した後は、ハワイより西の太平洋半分を「中国の海」とし、太平洋の覇権を米国と分け合うという新たな目標を掲げ、実際に米政府に提案もしている。

中国が保有する核爆弾は450発

では、まず「戦略ミサイル部隊」の実態と能力からみていくことにしよう。

中国が保有する核爆弾の数は、2013年現在で450発前後、すべての核弾頭の総メガトン数は550~600Mt（メガトン）と言われるが、この数値は西側の調査機関によって、かなりバラつきがある。これを運搬するのは弾道ミサイル、爆撃機、原子力潜水艦などであるが、地上および地下から弾道ミサイルを発射する基地は、31ページの〔表―1〕に示すとおりである。

1966年に極秘のうちに創設された第二砲兵部隊は、現在では中国全土の8カ所に発射基地を置き、それぞれの標的を照準している。

① 瀋陽《しんよう》基地（遼寧《りようねい》省瀋陽）：主目標は日本、従目標は韓国

② 晥南《かんなん》基地（安徽《あんき》省稽嶺山《けいれいざん》）：目標は台湾

中国が定める「第一列島線」「第二列島線」

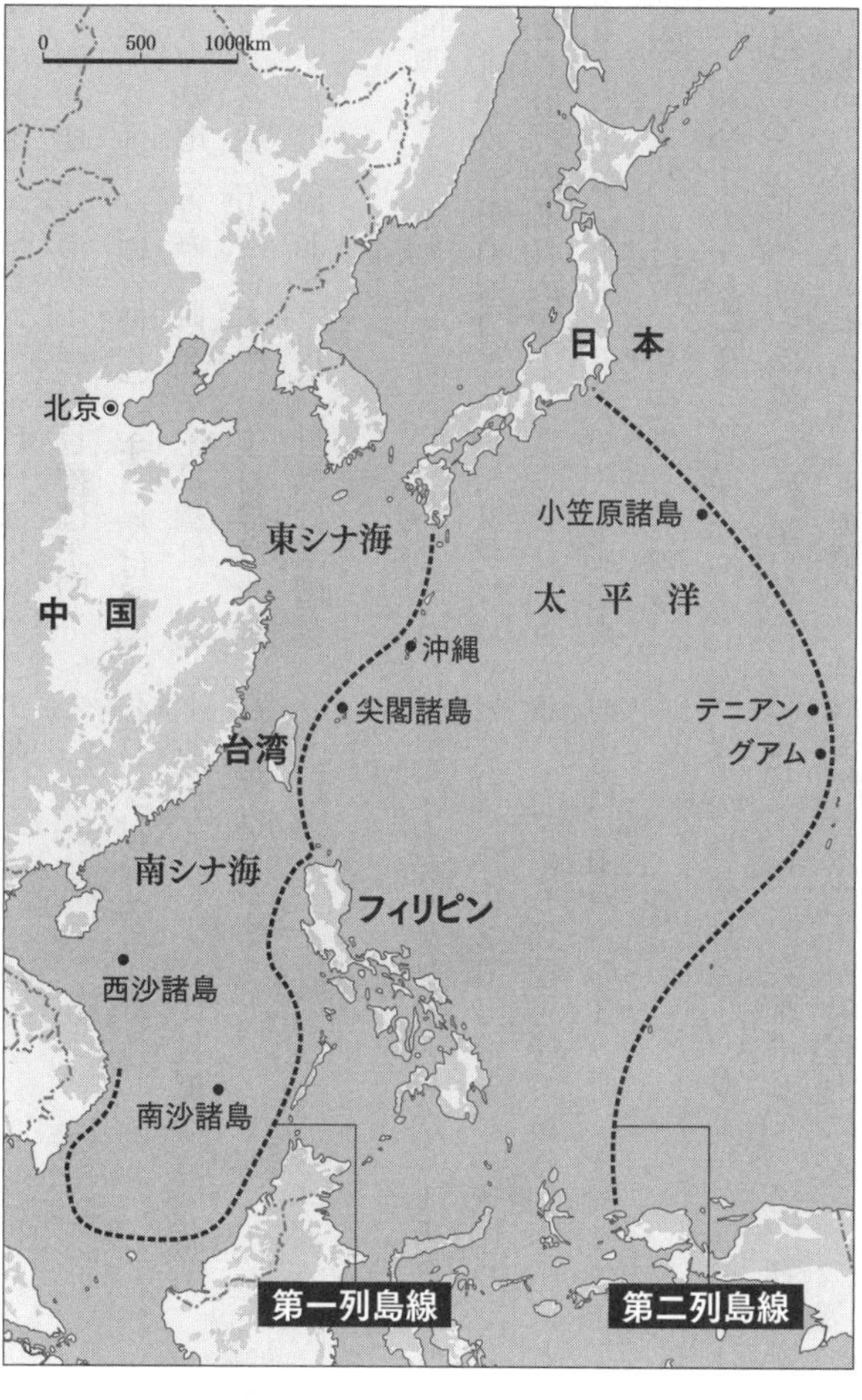

③　雲南《うんなん》基地（雲南省昆明《こんめい》）：目標は東南アジア諸国
④　予西《よせい》基地（河南《かなん》省洛陽《らくよう》）：目標は米国
⑤　湘西《しようせい》基地（湖南《こなん》省懐化《かいか》）：主目標は米国、従目標は日本
⑥　青海《せいかい》基地（青海省西寧《せいねい》）：主目標は、インドおよびロシア、従目標は西域諸国
⑦　晋北《しんほく》基地（山西《さんせい》省太原《たいげん》）：主目標は米国、従目標はロシア
⑧　河北《かほく》基地（河北省宣化《せんか》）：目標は米国

大陸間弾道ミサイルのうち、「DF‐5A」は射程1万2000kmから1万3000kmで、北京から8000kmのモスクワはもとより、1万2000kmの米国ワシントンDCをも射程内に収め、1万3000kmあるパナマにも到達可能である。中国にとっての軍事上の主敵は米国であるから、河北省、河南省、山西省の3カ所に米国まで届く大陸間弾道ミサイルを分散して配備している。

さらに、政治上の主敵である日本に照準しているのは射程2700kmの「DF‐21（東風‐21）」で、北朝鮮の国境に近い吉林《きちりん》省の通化《つうか》基地に、24発配備している。通化から1500kmの東京はもちろん、北海道から沖縄まで日本全土が射程内に入る。

この「東風－21」24発が日本に照準されたのは90年代に入ってからであるが、当初は液体燃料で地下サイロからの発射であった。それが2000年に入ると、すべてが固体燃料のうえに車載型となり、移動ができるようになった。そのため抗堪《こうたん》性は強い。筆者が1997年に人民解放軍・国防大学を訪れて確認したとき、中国側はこの「東風－21」は、日本ではなく在日米軍基地がある24カ所を狙《ねら》っていると釈明した。

米国の脅威に対抗しうる態勢の完成

人民解放軍・国防大学の軍事教官によれば、「東風－21」の弾頭は1発の威力が300kt（キロトン）あるとのことで、広島型原爆が15ktであったことからすると、20倍の威力を持っていることになる。また大陸間弾道ミサイル「DF－31」に搭載される核弾頭の威力は、1発が3～5Mt（メガトン）あり、巨大都市を壊滅させることができる。

爆撃機に搭載する場合も、20ktから3Mt級まで可能である。ただ爆撃機の性能に関しては、ロシアから導入した「バジャー（Tu－16）」などを基に製造された「B－6」爆撃機を保有しているものの、空中給油を受けたとしても米国本土にまで到達することは困難である。

一方、原子力潜水艦に搭載する場合は、20ktから1Mt級の核弾頭を運搬することができる。

中国の核戦力を米国と比べれば、数量では圧倒的に不利であるが、従来保有していた「夏」級原潜の水中発射弾道ミサイルの射程距離が1700kmであったのに対し、現在、実戦配備され始めた原子力潜水艦「晋」級に搭載する「巨浪2(JL-2)」は、射程が8000kmあるため、対米抑止力としては十分機能することになる。

中国は「晋」級原潜を今後5隻建造する予定なので、2020年頃までに「第二列島線」までの制海権を確保すれば、米国に対する抑止力は完全に整うと計算している。

さらに弾道ミサイルに搭載される核弾頭の発展形として、敵地上空に近くなると、弾頭から分離して多目標に向かう「多目標独立誘導弾頭(MIRV)」も開発中である。

また、人民解放軍ミサイル部隊は、2009年までに台湾の対岸に1150基の「DF-15」と「DF-11」と言われる短距離弾道ミサイル(SRBM)を配備済みであるが、2013年現在では、命中精度が向上し、弾頭がより精度を増して、破壊力が向上している。

「DF-15」の射程距離は500km、「DF-11」は射程300km、固体燃料で通常

〔表―1〕中国の戦略ミサイル部隊

第二砲兵部隊：兵力10万人	主要装備と運搬体
○ミサイル軍： 7個（27個旅団） ○海軍： 夏級 SLBM JL-1×12基 晋級 SLBM JL-2×12基 ○空軍： B-6爆撃機×100機 B-5爆撃機×30機	○ICBM：66基 DF-31×12基 DF-31A ×24基 DF-5A ×20基 ○IRBM：138基 DF-21×90基 DF-21C ×34基 DF-4×10基 ○SRBM：1150基 DF-11A ×118基 DF-15×106基 ○LACM：72基

※「ミリタリーバランス2012」など諸資料から著者作成

弾頭を搭載して台湾全土をカバーすることができ、慣性誘導とＧＰＳ誘導で飛翔する。なお、国際的取り決めによって、短距離弾道ミサイルを輸出する場合は、射程が３００ｋｍ以上を出てはならないことになっている。

台湾としては、独立を果たそうとすれば人民解放軍の攻撃が確実に行なわれると見ているから、大方の国民は現状に甘んじざるをえないと考えている。心から台湾の独立を望んでいる「独立派」は、３割にも満たないのが実状である。

台湾の馬英九《ばえいきゅう》政権の狙いは、中国大陸に経済進出をすることで中国との対決を回避し、台湾侵攻が中国にとって不利となると思わせることにある。それとともに、すでに10万の企業が中国に進出し、100万人の台湾人が大陸に居住していることから、自由と民主主義、そして人権の素晴らしさを中国人民にアピールすることによって人民の意識を変え、そうすることでいずれ独裁政権を倒すことができると期待しているのである。

ただし、すでに6万人の台湾人が中国人と結婚しているうえに、台湾企業のいくつかは米国製兵器の技術を中国に引き渡すという不祥事も発生している。このため米国も新兵器売却に慎重となりつつあり、台湾軍にとっては不利な状況になっている。

米空母撃退を視野に入れた「DF-21D」

中国の強みは、米露が保有していない射程1000km～5000kmの「中距離弾道ミサイル（IRBM）」を138発以上保有していることである。このうち「DF-21」の初期型は、射程が2500km、A型は2700km、C型は1700km、対艦型は射程が1500kmあり、速度はマッハ10以上である。A型の全長は約10m、重量は14tある。

いずれも核弾頭を搭載でき、固体燃料で推進するが、慣性誘導で飛翔し最終段階ではレーダー誘導となる。日本やインドを照準しているのはA型であるが、従来の地下サイロからの発射ではなく車載型であるから、発射源を探知しにくいミサイルである。

ペンタゴンによると、中国は２０００年代の初頭から、「ＤＦ‐21」を基にして、米空母などの海上機動部隊をターゲットとした対艦弾道ミサイル（Anti-Ship Ballistic Missile：ＡＳＢＭ）の開発を行ない、２００５年頃には「ＤＦ‐21Ｄ」として完成させたと見ている。これは射程１５００ｋｍで、「第二列島線」から「第一列島線」に近づく米機動部隊に対する「領域拒否（ＡＤ）」戦略の一環となるものである。

中国にとって、もともとは沿岸から１０００ｋｍ以上離れた海域で作戦行動を取る米機動部隊に対抗するのに、通常の戦闘機や潜水艦では難があるとして弾道ミサイルの使用を考え出したわけであるが、米国は条約によって中距離弾道ミサイルを持つことができないという弱点を衝《つ》くという意味から、よりいっそう対艦用「ＤＦ‐21Ｄ」の開発に力を入れたものである。

ただ、「ＤＦ‐21」は、もともと敵地の固定目標を狙う弾道ミサイルで、空母などのような移動目標を攻撃できるかどうかについては、疑問が残る。というのは、弾道ミサイルはマッハ10以上の音速で目標に向かって落下するが、猛スピードを上げている段階での軌道変更はきわめてむずかしい。軌道変更するためには、移動中の空母の位置を正確に把握するための監視衛星が不可欠であるが、中国の監視衛星技術はいまだ完成されていない。

それでも、米国が「DF－21D」の配備に危機感を抱くのは、前述のとおり、米国は1000km以上を飛翔する中距離弾道ミサイルの保有ができないからである。このため、ペンタゴンのネットアセスメント局のマーシャル局長と、ランド研究所のクレピネビッチ主任研究員らは、中国の対艦弾道ミサイルの攻撃を想定して、2010年に「Joint Air-Sea Battle Concept（統合エアシーバトル構想）」を発表した。

しかしながら、この統合エアシーバトル構想は、陸軍や空軍などから批判を受け、いまだ構想の域を出ていない。理由は統合エアシーバトル構想が、あくまでも中国が通常戦力で米空母機動艦隊や同盟国に駐留する米軍を攻撃するという前提に立っており、核兵器の使用は「相互確証破壊戦略」があるとの理由で想定されていないからである。

つまり、中国からの第一撃に耐えた後には、米軍は同盟国軍と共同して中国に報復攻撃を加えるとしているが、仮に中国軍に壊滅的損害を与えた場合は、中国が核兵器の使用を躊躇《ちゅうちょ》するとは考えられず、米国はもとより核兵器を持たない日韓にも、中国の核弾道ミサイルが投下される可能性を否定できないのである。

結局、米側としては現在までのところ、「DF‐21D」の攻撃に対して、これをミッドコース段階で撃墜できる可能性のあるイージス艦の配備を増やしたり、空母などの機動部隊艦艇に「PAC‐3」を配備して攻撃を回避する方法を取るしかない。

(2) 陸軍の実態と能力

スリム化し、機動力向上

人民解放軍陸軍の総兵力は160万人、全国を7つの軍区に分けて配備しているが、そのうち40万人は台湾の対岸にあたる3つの軍区に配置されている。4種の軍の中では陸軍は兵力こそ最大なものの、予算は海軍と空軍に重点的に回されるため、装備の面では最も遅れた軍となっている。

中国の保有する最新の主力戦車は、「99式」と言われるもので、重量54t、最高速度は時速80km、行動距離は600km、主砲は125mm滑腔砲である。発射速度は毎分12発で、日本の「90式」戦車の毎分15発よりは劣るが、照準器と主砲安定装置、および環境センサーが連動することで、雨天や降雪下などにおいても的確に射撃を行なうことができる。いずれもロシアから技術を導入した戦車であるが、その配備数量はいまだ1割に満た

〔表—2〕人民解放軍陸軍の兵力と装備

陸軍：兵力160万人	主要装備
○7大軍区　28省軍内　4警備区 ○野戦軍：18個 歩兵44個師団（機械化師団6個） 戦車：8個師団　8個旅団 砲兵：2個師団　16個旅団 ○地方軍：独立旅団12、旅団4、連隊87	○主力戦車：6850 軽戦車：1000 ○装甲車：3300 ○火砲（牽引）：17700 自走砲：2480 ○多連装ロケット：2500 ○高射砲：1500 ＋地対空ミサイル ○ヘリコプター：509機、対戦車砲など

準軍隊： ○人民武装警察部隊：66万人（警備師団45個） ○予備役兵：80万人 ○民兵：800万人（うち基幹民兵500〜600万人）

※「ミリタリーバランス2012」など諸資料から著者作成

ない。

陸軍の全体的な装備は旧式が多いが、近年は装備や技術面で遅れた部隊を削減し、それに替わって機械力と機動力に重点を置いた部隊の充実に努めている。すなわち、従来までの地域防御型から、全土への機動展開型へ変換するために、歩兵部隊の自動車化と機械化を急速に進めている。

これを証明するかのように、2009年、瀋陽、蘭州《らんしゅう》、済《さい》南《なん》各軍区を跨《また》ぐ形で過去最大規模の「跨越2009」演習が行なわれ、各軍区から4個師団が他軍区に長距離移動をして、仮想敵との対抗演習を行なった。さらに、2010年の「使命行動2010」演習では、北京、蘭州、成都《せいと》の各軍区と、空軍および第二砲兵部隊など、3万人以上が参加した演習を行なっている。

これらの演習には、空軍輸送機や高速鉄道「和諧号《わかいごう》」、民航貨物機、旅客機などが兵員と装備品の輸送に使用されている。

それでも予算配分から言えば、陸軍の装備は全体的に遅れていると言わざるをえない。新たに獲得した「99式」戦車の他には、多連装ロケット（200mm、300mm、400mm）発射システムがある。水陸両用戦闘車は海軍に所属し、対台湾用としてのみならず、南シナ海や東シナ海の離島などへの着上陸作戦用として開発されている。

中国は、現役の地上部隊の他に民兵を1000万人擁していたが、2011年度からは800万人に縮小している。

中国人民解放軍は、1970年代まで旧ソ連との対立のために兵力を増大させ、1981年には過去最大の475万人にまで増強した。しかし、日米との国交回復でソ連の脅威が減じたこともあって、鄧小平は軍に対して量より質の近代化を促《うなが》し、1983年には410万人に減じた。これが削減の第一段階である。さらに予備役も500万人としていたが、順次削減され1990年以降は120万人とし、2012年現在では80万人となっている。

ただし、国防軍や予備役を削減したことで国内治安に支障を来《きた》してはならないとし、後備兵力として新たに人民武装警察を創設し、陸軍からの削減兵を主体に部隊を立ち上げ、総計180万人としたが、軍の近代化に応じて武装警察も削減を続け、2012年現在では66万人として、主に党要人の護衛と人民の監視にエネルギーを注いでいる。

さらに総兵力はソ連が崩壊した1991年以降、310万人へと減じるとともに、よりを戻したロシアから陸海空のハイテク兵器と、宇宙ロケットや宇宙船などを大量に購入して近代化を推進した結果、軍のスリム化が進み、2012年現在では総兵力が237万人となり、このうち陸軍は160万人を維持している。

着上陸作戦能力の進展

中国海軍は陸戦隊を持っているが、英名で「Marine Corps（海兵隊）」と訳されるように、実体は海兵隊である。編成は1979年で、南シナ海北部の海南島《かいなんとう》にある南海艦隊に第一海兵旅団が設置され、1995年からは女子の入隊も認められている。また有事には、2万8000名に増強される。

もちろん、着上陸作戦を実施する場合は、上陸を確保するまでが陸戦隊の役割であり、上陸地が確保されれば陸軍部隊の主力戦車や歩兵戦闘車などが、歩兵とともに侵攻することになっている。

現在の陸戦隊は、2個の海兵旅団からなるが、各旅団は1万2000名の兵員を擁し、装備は各兵科から集められ機動力に富む軍隊となっている。特に水陸両用戦車は過去3度にわたって技術的に性能アップを図っており、台湾侵攻をはじめ、南シナ海や東シナ海の離島への着上陸作戦を敢行する場合の主力部隊となっている。

中国の「63式」水陸両用戦車は、ソ連の「PT-76」水陸両用戦車をコピーして製造されたもので、戦車と同じキャタピラーで走行し、長さは7・3m、105mm砲と機関銃を備え、重量は18・4t、4人乗りで速度は陸上を時速64km、水上を時速12kmで走ることができる。

1996年にロシアなど独立国家共同体(CIS)諸国と立ち上げた「上海協力機構(SCO)」は、2001年にウズベキスタンが加盟して6カ国体制となったが、2008年2月に60000人が参加する合同軍事演習を新疆《しんきょう》ウイグル自治区などで行ない、そこでは渡河作戦、空挺《くうてい》作戦などによって、水陸両用戦車の性能などを確認している。

また2012年9月には、ベトナム国境に近い位置にある広州《こうしゅう》軍区の水陸両用戦車部隊と、ヘリコプター部隊が情報ネットワーク部隊の情報処理技術の支援を受けて、島嶼《とうしょ》上陸と制圧に関する陸・海・空共同作戦を実施し、成果を収めたと発表している。またヘリコプターは、中国初の本格的な攻撃ヘリであった。

これらの水陸両用部隊は、尖閣諸島をはじめとする沖縄諸島の離島や、南シナ海の係争地へ海軍の協力の下、短時間での着上陸が可能となっている。また揚陸艦の大型化も進んでおり、台湾や離島に対する大きな戦力となっている。

一方、中国本土から離れた外国領の離島で着上陸作戦を行なえば負傷者が出るが、現地で救急医療が施《ほどこ》せるよう「病院船」も建造し配備している。たとえば、2008年に就役させた大型病院船「岱山島《たいざんとう》」は、「平和の方舟《はこぶね》」とも言われるが、2009年10月から1カ月間にわたって、中国大陸沿岸から南沙《なんさ》諸島・西沙《せいさ》諸島の島々を巡回し、駐留する軍人や住民などに医療サービスを提供している。

病院船「岱山島」は、引き続き、2010年8月から11月にかけて「調和の使命2010」を行ない、さらに2011年9月から12月にかけて、キューバ、ジャマイカ、トリニダード・トバゴ、コスタリカなどカリブ海諸国を訪問し、医療サービスなどを提供して現地住民から喜ばれている。

こうした病院船による医療サービスは、米軍がしばしば行なってきたことであるが、中国が海外、特に米国の内庭とも言えるカリブ海地域に進出したことは、中国の国家戦略が地球規模まで拡大しつつあることを示唆するものとして注目されよう。

医療サービスを目的とする病院船であれば、どの国も警戒はしないが、実は他国の沿岸地形や水深、潮流などを観測することは容易であり、これからも、中国は医療サービスを東南アジアやインド洋に面する地域、そしてオセアニア地域に拡大していくものと思われる。そして、中国の進出を助けるのが現地の「華僑」たちであることは言うまでもない。

翻《ひるがえ》って、わが国の場合には、人道的見地から病院船を建造しようとしても、「病院船を造るということ＝戦争準備」とする民主、共産、社民党などの反対にあって、実現していない。

(3) 海軍の実態と能力

急速に進む増強、作戦範囲はハワイまで

一方、中国海軍は1980年代に入ってから急速に増強を始めたが、その速度は陸軍をはるかに凌《しの》いでいる。兵員数は25・5万人と陸や空に比較すれば少ないが、海上自衛隊の兵力が4万人であることから比べると、6倍以上の兵力を保持している。

海上戦力は2012年現在、艦艇約950隻（駆逐艦78隻、潜水艦71隻〔うち原潜8隻〕、機雷戦艦艇89隻、両用戦艦艇239隻）を揃《そろ》え約135万tを保有しており、米海軍の300隻弱と比較すると、その規模の大きさが理解できよう。

しかも米海軍の場合は、世界の警察官として300隻の半分は太平洋、残り半分は大西洋側に配備している。太平洋軍はハワイから東側と西側に分けてシーレーンなどの守備があるから、150隻をさらに2つに分ける必要がある。これに対して中国海軍は、東シナ海と南シナ海だけの配備で済むため、太平洋の西半分についていえば、中米の関係は950隻対75隻となる。

近年、中国艦艇の近代化は著しく、イージス艦と言われる「旅洋Ⅱ型」駆逐艦や、「ドック型」揚陸艦などの建造が盛んに行なわれている。代表的な艦の「旅洋Ⅱ型」駆逐艦は、ロシアから購入した「ソブレメンヌイ」級駆逐艦を模《も》した艦で、排水量は6600t、2005年から配備され、200km先の米空母艦隊を攻撃できる巡航ミサイルを搭載しており、米空母にとっては脅威である。

中国の造船業は、1970年代まで艦艇用の鋼板を自国で製造することができなかったが、1980年代になって突然、高性能の駆逐艦や潜水艦などを次々と量産しはじめた。その背景には、日本企業が惜し気もなく高度技術を供与したことがある。

1977年に「上海宝山《ほうざん》鋼鉄総廠（工場）」の設備と技術が日本の新日鐵（現・新日鐵住金）から導入され、その造船技術を駆使した軍艦、民間船が大量に建造できるようになった。中国に技術を供与指導したのは、新日鐵の他に、東芝、石川島播磨重工業（現・IHI）、三井造船などである。この結果、1990年代には、日本の造船業は完全に中国に追い越されてしまった。

同様のことは、高速鉄道、港湾、ダム、空港、化学プラント、トンネル掘削、海底掘削等々、多くの技術分野で起こっており、中国を指導した結果、日本企業の輸出力が減退してしまったことは、日本に戦略的思考が欠如している証左となっている。

ともあれ、中国海軍は特に水上艦艇と潜水艦を大幅に増強していることがうかがえるが、大型艦の「ソブレメンヌイ」級4隻を含む優秀な艦をロシアから購入して、ライセンス生産を行なっており、7000tクラスの「ルーヤン」級5隻を揃えるなど、遠洋海軍として充実させている。

また特筆すべきは、水上艦艇の中では、満載排水量が2万tを超える大型揚陸艦「ユージャオ」級（071型）を増強していることで、これは南シナ海や東シナ海での着上陸作戦にとっては不可欠の装備である。「ユージャオ」は、水陸両用戦闘車両を20両、エアクッション型揚陸艇4隻と、兵員800人を一時に輸送できる能力を持っている。

071型揚陸艦としての1番艦は「崑崙山《こんろんざん》」と命名され、2007年11月に就役し10年6月にはソマリア沖の海賊対策に従事している。この071型揚陸艦は、すでに「井崗山《せいこうざん》」、「長白山《ちょうはくさん》」が就役し、いずれも南海艦隊に所属して作戦に従事している。

他にも、戦車10両と兵員2500人を輸送上陸させることのできる中型の「ユティン」級揚陸艦など、30隻を保有している。

２０２５年には、空母６隻体制に

一方、潜水艦は国産で最新鋭の「ユアン」級を大幅に増強しているが、この艦は静粛性に優れているほか、大気非依存型推進（ＡＩＰ）システムを搭載していると見られている。

戦略ミサイルを搭載した原子力潜水艦「晋」級は、最新鋭の原潜で射程距離８０００ｋｍを誇る弾道ミサイル12基を保有しているが、すでに3隻を保有する他、攻撃型原潜を5隻保有している。通常型潜水艦も、ロシアから導入した「キロ」級12隻と、これをモデルとして国産潜水艦を建造している。

中国海軍は、ウクライナから購入した空母「ワリャーグ」を、２０１２年9月に「遼《りょう》寧《ねい》」と命名して正式に就役させたが、11月には中国海軍の「殲‐15（Ｊ‐15）」が発着訓練に成功している。「殲‐15」は、ロシア戦闘機「Ｓｕ‐33」の名前を変えただけであるが、空母「遼寧」が9月に就役後、2回目の発着訓練を渤《ぼっ》海《かい》で実施した。

「殲‐15」は、艦載機の着艦に必要なワイヤ技術を自力で開発し、甲板に設置されたワイ

〔表―3〕中国海軍兵力と装備

海軍：兵力25.5万人（うち徴兵4万）	主要装備
○艦隊：3個（北海、東海、南海） ○沿岸地域防衛隊：2.5万人 ○海軍陸戦隊：2個旅団、1万人 予備上陸戦任務　3個旅団 ○海軍航空隊：2.6万人	○水上戦闘艦：80隻（DDG28、FFG52） ○潜水艦：71隻（含む原潜：8） ○ミサイル艇：96隻 ○水雷・掃海艦：83隻 ○揚陸艦：30隻 ○両用戦艦艇：239隻 ○その他艦艇：345隻 ○作戦機：290機（爆撃50、攻撃50、戦闘190）

※「ミリタリーバランス2012」など諸資料から著者作成

ヤを艦載機がフックで引っ掛けて停止させた。

また艦載機パイロットの養成には、空母艦載機用の模擬訓練施設を持つウクライナの協力を得て、すでに50人が訓練を行なっており、いずれ、国内に訓練施設を造って自前でパイロットの養成に入るものと思われる。

ペンタゴンから発表された「中国の軍事力（2012年版）」によれば、中国は2020年までに4隻の通常型空母を保有して機動部隊を編制するとしているが、2025年頃までには原子力空母2隻を加えた6隻体制で、西太平洋やインド洋を遊弋《ゆうよく》すると見ている。

海軍艦艇の充実によって、中国はさらなる野望を持ち始め、近年は「第二列島線」までの進出にとどまらず、2007年には太平洋を米海軍と二分割し、ハワイから西側太平洋を中国の支配下に置く提案までしている。つまりハワイまでの制海権を獲得しようとしていることが明確となっている。

強化された「接近阻止」「領域拒否」能力

米国防総省は、2012年5月、「中国の軍事力・安全保障の進展に関する年次報告書」を発表したが、その中で、特に警戒を要することとして指摘したのが、中国の対艦ミサイルである。

前述したように、この対艦ミサイル「DF-21D」は射程1500kmあり、静粛性の高い最新鋭の攻撃型原潜5隻が数年以内に就航するため、これと既存の潜水艦隊に巡航ミサイルが配備されれば、中国は自国の沿岸から最大1850kmの沖合を遊弋《ゆうよく》する「米空母部隊」を攻撃できるようになると警戒を強めている。

敵対する者同士が、互いに相手の領域へアクセスしたり、当該地域での行動の自由を阻害することは、勝利を得る条件の一つであり、過去の歴史においても厳然たる事実である。つまり、相手の機動展開と作戦地域内での行動を困難にさせる戦略である。これが、「接近阻止（Anti-Access：A2）」であり、「領域拒否（Area-Denial：AD）」である。

ペンタゴンの「統合アクセス構想（Joint Operational Access Concept）」によれば、接近阻止は「作戦区域に侵入する敵部隊を阻止することを目的とした長距離の行動および能力」とし、領域拒否は「作戦区域内での行動の自由を制限することを目的とした近距離の行動および能力」と定義している。

米軍は世界展開をするに当たって、「グローバル・コモンズ」へ自由にアクセスすることで、世界的規模の戦力展開を維持すると同時に、米国本土の防衛と、世界各地の安全保障問題にコミットすることができたと考えてきた。「グローバル・コモンズ」とは、陸上・海上・水中・空中・宇宙・サイバー空間などの公共財を指している。

実際、米軍は戦闘を行なったイラクやコソボ、そしてアフガニスタン等との戦いでは、主戦場と当該地域での行動の自由を確保することで、機動力を迅速に展開できたのである。

当然のことながら、A2／AD能力は米軍のみならず、敵対する中国やイランも、その向上に努めてきている。

特に中国軍は海軍においてA２／AD能力を飛躍的に向上させているが、それを可能にしているのは、80隻の戦闘艦（駆逐艦とフリゲート艦）、8隻の原子力潜水艦を含む71隻の潜水艦、大中小51隻の揚陸艦、96隻のミサイル艇などであるが、水上艦艇の多くは最新鋭の防空システムと対艦巡航ミサイルを装備している。

また海軍航空部隊の攻撃兵力は、「H‐6K」爆撃機で行動半径は約2800kmあり、6基の対艦巡航ミサイルを搭載している。他にもロシア製の「スホーイ27（Su‐27）」を改良した「Su‐30MKK２」を保有している。この「Su‐30」の性能は米軍の「F‐15E」戦闘機に匹敵するだけでなく、無給油で1500km以上を飛翔でき、F‐15よりも行動半径は広い。

「Su‐30」の性能は、1回の給油でさらに3000kmまで延伸できるので、「H‐6K」爆撃機を援護することが可能で、中国大陸沿岸から1500km離れた海域を航行中の米空母や水上艦艇を攻撃できる。そのため、米機動部隊は3000km以上離れて作戦を行なわなければならなくなっている。

米国を牽制《けんせい》するロシアとの合同演習

一方で中国海軍は、アジア太平洋地域で防衛を固める米国に対抗して、ロシア海軍との合同軍事演習を２０１２年4月に、中国山東《さんとう》省沖の黄海《こうかい》で行なった。中国側からは駆逐艦など16隻と潜水艦２隻が、ロシア側からはミサイル巡洋艦など7隻が参加している。

この共同軍事演習の目的は、①中露の包括的・戦略的協力パートナーシップの発展、②海軍間の実務協力の深化、③安全保障上の脅威と挑戦への対処能力の向上、④海上の平和と安定を共同で守る両国海軍の決意の強化、などで、今後も定期的に演習するとしている。

中国海軍が対米抑止戦力として最も力を入れているのは、潜水艦である。「ミリタリー・バランス２０１２」によると、中国は通常型の潜水艦63隻に加え、戦略ミサイル原潜「夏」級1隻と「晋」級2隻の他、攻撃型原潜「漢」級3隻と「商」級２隻などを含め、合計71隻を配備していることになる。

また、ペンタゴンの２０１２年度報告書によれば、中国は海南島に建設中だった大規模海軍基地を完成させたと報じ、空母などが停泊するのはもちろん、戦略原潜や攻撃原潜は地下に設けられた基地から出撃できるようになっているため、探知が困難であるとも報じている。

米海軍が最も警戒する「DF‐21D」の弾頭には、複数機動型個別誘導弾頭（MaRVs）が搭載され、電磁波を使用している米艦隊のレーダーを無力化する高出力マイクロ波を発射する弾頭も開発しているといわれている。

ペンタゴンでは、こうした中国のA2／AD能力が整ったと見て、攻撃力を向上させた新世代の原子力空母「ジェラルド・R・フォード」級を2015年と2018年に2隻就役させるほか、同空母への搭載を想定した無人艦上爆撃機「X‐47B」の開発を急いでいる。

(4)　空軍の実態と能力

海軍との連動で増強される攻撃戦力

中国は１９９２年に「領海法」、１９９７年には「国防法」を制定して海洋権益を明記したが、現在では国家海洋局が中心となって島嶼《とうしょ》の管理を強化する「海島法」の立法作業を急いでいる。特に、１９９７年の国防法の制定と同じ時期に、海軍司令員に就任した石《せき》雲生《うんせい》は、「沿岸海軍」から「近海海軍」への脱皮を本格化させるべく、劉華清が打ち出した「第一列島線」、「第二列島線」を、「海軍発展戦略」として位置付けるとともに、制空権の必要性を説いた。

劉華清の海軍発展スケジュールによれば、２０１０年までには「第一列島線」に制海権と制空権を確保する防衛線を引き、その内側となる南シナ海・東シナ海および日本海への米海軍と空軍の侵入を阻止するとしている。

そして2010年から2020年までに「第二列島線」内での制海権と制空権を確保し、2020年から2040年には、米海軍による太平洋とインド洋の独占的支配を打破するとする。「第二列島線」は、東京湾から小笠原《おがさわら》諸島、グアムを経てパラオ諸島にいたる海域であるが、この広大な海域の制海権を確保するには、海軍力だけでは不可能であり、空軍力の同時展開が不可欠となっている。

当然ながら空軍も第二列島線の確保を目指して近代化を進めることになるが、中国空軍にとって、当面の敵は台湾と日本である。それゆえ、戦闘機と対地攻撃機を合わせて1850機ほどの作戦機のうち、無給油で台湾まで攻撃し帰還できる作戦用航空機490機を対岸の各基地に配備するとともに、一時に数百機を収容できるよう、各飛行場を拡張している。

加えて、中国は2012年11月にロシアから最新鋭の戦闘機「Su-35」を24機購入することを発表し、引き渡し時期は1~2年以内とした。

中国空軍の兵科は、①航空機部隊、②レーダー部隊（警戒監視）、③防空部隊（地対空ミサイルと高射砲）、④空挺部隊の4種類に分かれている。他国の空挺部隊は陸軍に所属しているのに対して、中国は空挺部隊を「空軍」の指揮下に置いており、第15空挺軍が3個師

〔表―4〕中国空軍の兵力と装備

空軍：兵力42万人（うち徴兵16万）	主要装備
○7空軍区　5個空軍　32個師団 ○防空部隊（4 SAM 師団、10防空旅団） ○空挺部隊1個軍団：3個（師団3.5万人）	○爆撃機：82機（20機は戦略核搭載、20機は巡航ミサイル搭載） ○対地攻撃機：283機（Su-30MKK76） ○戦闘機J型：1570機（うちSu-27 ×78） ○輸送機：522機 空中輸送機10機 ○高射砲：16000門 SAM600基

※「ミリタリーバランス2012」など諸資料から著者作成

団を束《たば》ねている。

また空挺軍の傘下には、ヘリコプター大隊や輸送機連隊といった支援部隊もあり、兵員のみならず戦車や装甲車などの大型装備も備えて運用することになっている。

中国空軍は、海軍と合わせて作戦機を2500機ほど保有している。すでに国産の「殲‐10（J‐10）」を量産して配備しているほか、ロシアから「Su‐27」戦闘機を輸入、ライセンス生産を行なっており、さらに対地・対艦攻撃力を有する「Su‐30」戦闘機も導入している。

「殲‐10」は1980年代後半から開発を始めた戦闘機で、イスラエルが開発したラビ戦闘機の技術援助を受け、2002年から実戦配備された。最終的には300機の配備が見込まれている。同機は米軍の多用途戦闘機である「F‐16」と同程度の性能を持ち、エンジンはロシアの「Su‐27」戦闘機からの借用である。

「殲‐10」の性能は、最高速度がマッハ2・2、戦闘行動半径は950km、最大航続距離が3000kmあるが、その後の開発過程で、空中給油機能やステルス機能を増進させた「殲‐10B」型も出現している。

「F‐22」に対抗するステルス戦闘機の配備

また空軍は、「殲‐10」と同時並行してロシアの「Su‐27」戦闘機を購入し、ライセンス生産をしているが、名称を「殲‐11（J‐11）」とすることをロシアから許可され、200機の配備を目指している。「殲‐11」は、マッハ2・3、戦闘行動半径が1500km、最大航続距離は4000kmあり、第二列島線までの作戦行動が十分可能である。

さらに2011年に初めて登場した「殲‐20（J‐20）」は、米軍の誇る「F‐22」ステルス戦闘機に対抗して造られた機であるが、中国は一切秘密にしているため、その性能は不明であるが、米軍では「F‐22」に匹敵すると見ている。「F‐22」戦闘機は、自衛隊の「F－15」戦闘機と模擬戦闘を試みたことがあるが、「F－15」はまったく歯が立たず、機影を捉《とら》えることさえできなかった。なすすべがなかったと、実見した航空自衛隊関係者は述べている。

2009年11月に人民解放軍空軍は創設60周年を祝ったが、祝典の中で党中央軍事委員会の第一副主席である郭伯雄《かくはくゆう》将軍は、空軍が新兵器の開発を加速し、補給システムの改善と多軍種共同作戦行動訓練を改善することを訴え、さらに同式典で挨拶《あいさつ》した空軍司令官の許其亮《きょきりょう》将軍は、宇宙空間を含む軍備競争は避けられないものであり、本土防衛中心から宇宙空間での攻撃防御両面の能力を備えるよう強調している。

2500機ほどある作戦機の中で、近代化されている戦闘機は500機ほどであるが、航空自衛隊の作戦機400機のうち、「F－15」を主体とする戦闘機が260機程度とすると、2013年時点では、すでに中国空軍の能力が上回っているとも言えよう。

しかも2012年1月には第五世代ステルス戦闘機「J－31」の試験飛行が成功したと報じられた。「J－31」は、ステルス性能、最新の電子機器、スーパークルーズ・エンジンを備えており、航続距離も飛躍的に延伸されていると言われている。

もっとも、「J－31」は、高出力エンジンの生産などで多くの難題を抱えており、大量生産して効果的な作戦能力を持つのは２０１８年以降になると見られているものの、Ａ２／ＡＤ能力はさらに飛躍的に向上するであろうことは間違いない。

なぜなら、航空自衛隊が米国から42機を導入する予定のステルス戦闘機「Ｆ‐35」は、導入が２０１９年以降となるうえに、価格がさらに高騰すれば購入できる機数はさらに少なくなると考えられるからである。２０１８年以降、日本の空軍力は、もはや中国空軍にまったく太刀《たち》打ちできなくなるであろう。

第二列島線まで確保しうる空軍力

一方、ロシアの爆撃機「バジャー（Ｔｕ‐16）」を基に製造された「Ｂ‐６」爆撃機も、新たな派生型を開発しており、作戦行動範囲が拡大したが、これには新型の長射程巡航ミサイルを装備するとしている。

中国が第二列島線を確保するには、制海権と制空権を持つ米空母艦隊を排除する必要があるが、航空戦力が完全に整うまでは、中国は巡航ミサイルで対応しようとしてきた。それらは、「紅鳥《こうちょう》」、「東海《とうかい》」、「長剣《ちょうけん》」、「長風《ちょうふう》」など4種類が確認されている。

これらの射程距離は、「紅鳥1」が６００ｋｍ、「紅鳥2」が１８００ｋｍ、「紅鳥3」

が３０００ｋｍとなっている。次に「東海10」は４０００ｋｍ、「長剣」は２２００ｋｍ、また「長風1」は４００ｋｍ、「長風2」は８００ｋｍであるが、両方とも10ｋｔの核爆弾を搭載することができると、『ジェーン年鑑』の「ジェーン・ディフェンス・ウィークリー」は伝えている。

２０１０年5月には、ロシア製爆撃機の「バジャー」を国産化した「Ｈ－６」をさらに改良開発した新型の大型長距離爆撃機の存在が明らかとなったが、これはグアム島の米軍基地を爆撃できる長距離の航続距離を持っている。

この能力からすると、途中で空中給油を受ければ作戦範囲は一気に拡大するうえに、爆撃機のみならず、爆撃機から発射できる巡航ミサイルを保有していることは、第二列島線周辺を遊弋する米空母機動部隊の排除を容易にしている。

第二列島線の確保は、台湾有事の際に米海軍の来援を阻止する海域と考えられるから、中国空軍はすでに第二列島線までの確保に成功していると見てよいであろう。無論、海軍力としての弾道ミサイル搭載の原潜も加わるわけであるから、制海権・制空権ともに現在の米軍と対等になったと見なければならない。

さらに２０１０年10月に中国とロシアが行なった共同演習「平和の使命２０１０」で

は、中国の「H－6」爆撃機2機と「J－10」戦闘機2機が、早期警戒機と空中給油機に支援され、片道1000kmの経路を無着陸で往復し、対地攻撃能力を誇示したという。

無人攻撃機の投入まで画策する中国

もう一つの懸念材料は、米海軍が開発しているステルス機能を持つ無人攻撃機「X－47B」に対抗して、中国も同様のステルス無人機「暗剣《あんけん》」を2006年から開発していることである。

米軍は、イラク戦後のイラクやアフガニスタン・パキスタンなどでテロとの戦いを行なったが、テロ組織や武装勢力によって高価な戦闘機などが破壊された教訓から、イスラム原理主義者を無人機によって暗殺するために、「MQ－1プレデター」を開発し、中東の戦場で効果を発揮してきた。

現在、米軍は「ホークアイ」や「プレデター」などの無人機を、800機ほど所有して、イラン、シリアなどの中東地域でイスラム原理主義者の監視・追跡・攻撃に従事させている。無人機は有人飛行機の50分の1の費用で建造でき、撃墜されてもパイロットの犠牲はない。

米海軍の「X－47B」は100時間の無着陸飛行が可能なうえに、空母に自ら着艦する機能を備えているから、中国機も「遼寧」などに着艦できる無人機を所有することになるであろう。中国の無人機「暗剣」が、米空母機動艦隊の監視や追尾の任務だけならばよいが、東京から50km先の領空外をステルス機能を発揮して隠密に飛行されると、首相官邸をはじめとする中央省庁や、重要人物さえ暗殺されかねない。

ともあれ、2013年時点での中国空軍は、弾道ミサイルと海軍の支援を受けて「第二列島線」までの制空権を確保したと見なければならないが、2025年までに中国の空母艦隊は6隻体制となり、海軍航空力が飛躍的に増大するため、グアムを超えてハワイまでの海域を勢力範囲に収めることも可能となる。

(5) 宇宙・サイバー戦能力

新たな脅威、サイバー攻撃能力と衛星破壊能力

２０１３年2月、「ニューヨーク・タイムズ」は、米国のコンピューターセキュリティー会社「マンディアント」が、中国人民解放軍のサイバー攻撃部隊によって米国の20業種１１５企業がサイバー攻撃を仕掛けられたとする74ページにのぼる報告書を発表したと報じた。20業種の内訳は、電力、エネルギー、テレコミュニケーション、宇宙開発、化学関連企業などで、設計図や製造工程、事業計画などの情報が大量に盗み出されていたという。サイバー攻撃を行なったのは、人民解放軍総参謀部に所属し、上海の浦東地区に本部を置く「６１３９８部隊」であると、マンディアント社は指摘している。

２０１２年1月に、米国防大学のＰ・サウンダース中国軍事問題研究センター長が、「中国が開発しているサイバー攻撃能力と衛星破壊能力は、核戦力を無能力化しうるもの

であり、米国や同盟国に新たな戦略的挑戦を突きつけている」と警告した。

サイバー攻撃は殺傷をともなわず、わずかの経費で相手の社会インフラや軍事施設を攻撃できる安上がりの兵器であり、事実、これまでも日本をはじめ、米欧諸国がたびたび被害に遭《あ》ってきた。特に日本の場合は、中国との外交関係が悪化したときや、政治家の反中的言説がメディアで流れると、ただちに政治家、中央省庁、大手企業などに攻撃がしかけられてきた。

サイバー攻撃をしかけるには、相手のコンピュータから発せられる通信情報を事前に収集する必要があるが、ロシアや中国は、それを人間によるスパイだけでなく、日本領空周辺の飛行によって各種電波を収集している。

かつて米軍が戦略爆撃として日本本土を空爆したが、現在の戦略爆撃とは、日本の行政機関や大手民間企業などが発する電波を収集することによって、弱点を見出すことである。さらに、日本企業や研究所、あるいは大学などに雇用されている外国人、とりわけ中国人などが、弱点となる部分を摑《つか》んで母国に報告することによっても、サイバー攻撃の対象となり得るのである。

「日中平和と友好」の美名の下に、中国人学者や技術者などを雇用している公共機関や民間団体は多いが、能天気な日本人は、有能な中国人に弱点を細かくチェックされ本国へ報告されていることに気づかず、重要な機密を堂々と彼らに見せる結果、簡単にサイバー攻撃を受けるようになっていることが分かっていない。

同じことは、反日教育を行なっている韓国人や北朝鮮系の人物を雇用している団体や組織にも言えることで、外国人を雇用する場合は、重要な機密を扱うような部署や、管理者の地位に就《つ》けることは、危険極まりないことを認識しておく必要がある。

一方、米議会諮問機関の米中経済安保調査委員会は、中国は米軍の領域などへの接近を拒否するA2／AD戦略を強化しているが、そのために行なう作戦の一環としてサイバー攻撃を取り入れており、その方法として、①技術的に優位な敵の技術の枢要を破壊する、②先制攻撃による利点を重視する、③第一列島線内の制圧に全力をあげる、などを主要目標にしているとして、警告を発している。

中国軍はそのために、アジア地域にある米軍基地を射程に収める中距離弾道ミサイルや長距離爆撃機の開発、電子戦能力の強化などに力を注いでいるとしているが、安保調査委員会はペンタゴンのエアシーバトル構想に賛成していない。

米国のＧＰＳに匹敵する「北斗《ほくと》」システム

一方、中国は２０１２年12月、独自開発を進めてきたＧＰＳ（全地球測位システム）「北《ほく》斗《と》」の、アジア・太平洋全域での正式運用を開始したと発表した。「海洋強国」を目指す中国にとって、海空軍の遠洋作戦能力を強化することになるが、北斗システムの精度は、米国のＧＰＳの精度に匹敵すると説明している。

中国は２０１１年12月から「北斗」の試験運用を開始してきたが、２０１２年10月には16基目の測位衛星を打ち上げて、アジア・太平洋全域をカバーするＧＰＳ網を整えた。さらに２０２０年までに地球全域をカバーできるＧＰＳ網を整備するという。これらのＧＰＳは、中国空母の「遼寧」や、尖閣諸島などで作戦行動を取る艦船や航空機、そして弾道ミサイルや巡航ミサイルなどの誘導にも力を発揮することになる。

さらに、中国は対衛星兵器の開発も行なっており、２００７年１月には、自国の老朽化した人工衛星を弾道ミサイルで破壊することに成功した。また、すでに２００６年には、地球を廻る米国の軍事衛星が中国領内からレーザー照射を受けている。レーザービーム照射は、衛星の光学機器や通信機器などの「目」を狙って、偵察能力を奪う目的で行なわれるもので、これまで数年にわたって複数回の照射が確認されている。

また2011年12月に中国が発表した「2011年中国の宇宙航空事業」では、次世代運搬ロケットの開発のほか、地球観測衛星やナビゲーション衛星を含む人工衛星の打ち上げに成功するなど、成果を誇っている。

2008年9月には有人宇宙船「神舟《しんしゅう》7号」を打ち上げ、宇宙飛行士による船外活動にも成功した。2011年9月から翌年6月にかけて、無人宇宙実験室「天宮《てんきゅう》1号」、無人宇宙船「神舟8号」、有人宇宙船「神舟9号」とのドッキングも成功させ、宇宙ステーションの完成を着々と進めている。

中国は国防科学技術工業に関して、「有人宇宙飛行と月面探査プロジェクトなど重要な科学技術プロジェクトを組織・実施し、ハイテク産業の飛躍的な発展を促進して国防科学技術全体の著しい発展を実現している」と述べているが、有人宇宙飛行プロジェクトの総指揮は、人民解放軍の総装備部長が取り仕切っているという。

軍事力を破壊するサイバー

中国がサイバー技術を開発していることが明確になったのは、1999年5月に米軍機を主体とするNATO軍機がユーゴスラヴィア（当時）のベオグラードにある中国大使館を誤爆すると、すかさず中国のハッカーが米国政府のウエブサイトを攻撃したときである。さらに同年7月に、台湾の李登輝《りとうき》総統（当時）が中台関係は「特殊な国と国との関係」と打ち出すと、ただちに中国からハッカー攻撃が起こり、台湾側もすぐにこれに応じた。

2001年、米中軍用機が空中接触事故を起こすと、中国側から米政府に対してハッカー攻撃があり、米側もこれに応じたが、2004年11月には複数の米軍機密システムに中国から大規模攻撃があった、

2006年7月から11月にかけて、米国務省や連邦議員、そして海軍大学のコンピュータが中国から攻撃され、軍事機密情報が大量に盗まれる被害が発生し、2007年6月にはペンタゴンの国防長官室のメールシステムが侵入された。

さらに2008年5月に訪中した米国商務長官が、中国当局者にパソコンの中身をコピーされたことを受けて、2009年10月に、米議会諮問機関が報告書で、米政府、企業に対して中国政府が組織的にハッキングを行なっていると警告を発した。

このことを証明するかのように、米グーグル社は2011年6月にメールを利用していた米政府高官数百人が、中国からハッカー攻撃を受け、個人情報が盗まれたと発表した。

このため、米国家防諜局は、中国とロシアをサイバースパイを行なっていると名指しで批

判している。

一方、米議会の「米中経済安全保障検討委員会」は、2011年11月、中国のサイバー攻撃が宇宙空間におよんでいるとして、NASAの地球観測衛星「テラ」と、地球資源調査衛星「ランドサット7号」の制御システムが、2度にわたって計11分以上のサイバー攻撃を受けて乗っ取られたことを明らかにした。

2基とも軍事衛星ではないが、もしも軍事衛星に偽《にせ》の命令を送るのに成功すれば、味方の弾道ミサイルや巡航ミサイルなどを機能不全に陥《おちい》らせることも可能となり、軍事的脅威が一気に高まる可能性もある。実は同委員会は、米国の衛星システムへの攻撃があったのは2008年6月と10月で、「犯人は衛星に指令を送るのに必要な高度技術を確かめるために演習を行なったようだ」として、警戒を強めていた。

中国からのサイバー攻撃は米軍事機関のみならず、高度技術を持つ米国の化学企業など48社も狙い打ちし、電子メールによる「標準型攻撃」が使われ、業務上の打ち合わせなど偽装メールを送りつけて添付ファイルを開き、次々と感染させていた事実も判明した。

一方、オーストラリアでも、2011年2月から3月までの1カ月にわたって、ギラード首相やラッド外相など9閣僚のパソコンが被害に遭《あ》い、電子メール数千件が盗み見られていたと、豪州紙の「デイリー・テレグラフ」が報じるとともに、豪政府筋は「中国の情報機関が関与した」と断じているという見方を示した。

日本の場合にも、小泉純一郎《こいずみじゅんいちろう》首相（当時）が靖国参拝をしたり閣僚が保守的意見を述べると、すかさず中国から日本の政府機関、大学、研究所、企業などへのハッカー攻撃が執拗に繰り返されている。

中国は1990年代初頭からサイバー空間での「戦闘能力」を向上させるために、サイバー部隊である「網軍《もうぐん》」を創設しており、敵部隊の情報網に入り込んで、兵力配置や装備、補給など軍事機密を盗み出したり、軍の指揮命令系統を混乱させるためのウイルスを開発していると言われている。

米議会の報告書によれば、前述した人民解放軍の「総参謀部第四部」や、北京軍区や広州軍区にある「技術偵察局」が、日米欧などの軍需産業などのシステムへサイバー攻撃をしかけている可能性が高いと指摘している。

米国はこうしたサイバー攻撃に対しては、コンピュータシステムの脆弱《ぜいじゃく》性を改善し、優れた対処能力を持つことが必要として、サイバー戦に関する総合演習と訓練、システムの点検、およびネットワーク・システム導入時の検査などのために、ダーパ（DARP

A：国防高等研究計画局）に、国家サイバー演習場を設置して訓練を行なっている。

その一方で、米国は2010年7月、「サイバー攻撃に対しては軍事的な報復も辞さない」として、発信源への軍事攻撃を示唆しているが、現在までのところ国際法上の位置付けは曖昧《あいまい》であり、中国などのサイバー攻撃を止める手段はない。

ただし、米海軍大学のゴンパート教授によれば、逆に中国がサイバー攻撃や衛星への攻撃を受けた場合も、多大な損害を被《こうむ》ることになるとしている。なぜならサイバー攻撃能力は、技術的に言って防御能力に勝るため、攻撃能力だけを開発し、それへの依存を高めれば、脆弱性も増すことになるからである。

そうだとするならば、サイバー攻撃の手段を開発する以上に、防御技術を開発するほうが、結果として抑止力になると言えよう。攻撃技術にしても人工衛星を破壊する行為は、宇宙条約に反する。したがって、破壊するのではなく、一時的に使用を不可能とさせる技術の開発が必要となる。

21世紀の現在、中国を侵略する国家など存在していないにもかかわらず、国民生活を犠牲にし、米国を押しのけて太平洋にまで軍事力を伸ばしてきた真意は奈辺にあるのであろうか。また、その目的はスムーズに達成できるのであろうか。次章で探ってみたい。

2章　中国国家戦略の実相

(1) 復活した漢民族至上主義

着々と進むアジア・太平洋支配戦略

中国は、2012年11月、胡錦濤《こきんとう》に替わって習近平《しゅうきんぺい》が総書記に選出されたが、就任演説では、中国は平和的発展を目指しつつ中華民族の再興を進めるとし、その後の西側諸国の学者らとの座談会で、「中国は絶対に覇権を唱《とな》えず、拡張主義を取らない」と述べ、平和的な外交の推進を強調している。

その一方で、同じ日に戦略ミサイル部隊（第二砲兵部隊）の党代表大会で演説し、「軍事衝突に備え、強大な戦略ミサイル部隊の建設に努力するよう」激励している。覇権を求めず平和外交を進めるならば、戦略ミサイル部隊そのものは不要である。論理的矛盾と言わざるをえないが、では軍事力を使わなくとも世界覇権を獲得する道があるのであろうか。

3年ほど前の2009年、中国外務省がリークしたと考えられる「2050年の中国領」が、インターネットに載って世界を駆け巡った。それによれば日本は無論のこと、イランとパキスタンを除くアジア全域が中国の「特別自治区」となっていただけでなく、パプア・ニューギニア、オーストラリア、ニュージーランドにいたるオセアニア地域までも、中国の特別自治区となっている。

この世界地図を荒唐無稽《こうとうむけい》として笑って済ますことができないのは、インターネットの管理がきわめて厳しい中国政府が、2013年になっても掲載を止めていないからである。

さらに、このことを裏付けるような話が、過去米中との間に起きていることも事実である。

一つは前述したように、2007年5月に米太平洋軍司令官のティモシー・キーティング海軍大将が、訪中した際、中国海軍幹部から太平洋を二分割し、ハワイから西側を中国が、東側を米国が管理したらどうかという提案を受けていた事実である。

さらに、2012年11月に東アジアサミットが行なわれたとき、クリントン米国務長官が東シナ海の領有権問題を協議した際、中国側が「われわれはハワイの領有権を主張することもできる」と発言したことを明らかにしている。

2012年9月に日本が尖閣諸島を国有化したことに対して、中国は大規模な反日略奪デモを繰り返したが、その後は尖閣諸島の日本領海に、国家海洋局の船や航空機を連日のように侵犯させ、2013年になっても依然として挑発行為を続けている。

その国家海洋局がまとめた「海洋発展報告」に、『中国と太平洋の世紀』と題する文章があるが、その中で太平洋の問題の中心は、海上での米中両大国の戦略的競争と協力だとし、米国を「クジラ」とし、中国を「龍」にたとえている。龍は海と空の両方を支配する架空の動物であるが、この比喩は中国の海空軍を象徴しているものと思われる。

自国を「龍」と表現するほど強力になったと自負する中国は、世界最強のパワーを持つ米国の代表たちに対してさえ、外交的・軍事的に堂々と挑戦をする国家である。いわんやパワーのないアジア諸国やオセアニア諸国などは、本気で支配・管理するつもりかもしれない。

われわれは中国の軍事力や経済力に目を向けがちであるが、古代中国の戦略家、孫子《そんし》の兵法に「戦わずして勝つ」という戦略があることを見逃してはならない。中国がネット上に示した2050年に中国の特別自治区となっている諸国は25カ国におよんでいるが、これらの諸国には「華僑」と言われる中国系民族が多数居住している事実があるからである。

戦わずして勝つ「華僑」の戦略

一般に中国本土以外で国籍が中国にある中国系人口を「華僑」と呼び、国籍が居住国にある中国系人口を「華人」と呼ぶが、77ページに掲げる表は、両者を合わせた人口が、世界にどう分布しているかを表わしている。

すでに2012年時点で、中国本土以外の華僑と華人人口の総計は、アジアに3500万人、その他の世界に1500万人となっている。

もちろん、東南アジア以外のニュージーランドや東ティモールにも多数の中国移民が入り込んでおり、政治・経済に多大の影響を及ぼしている。たとえば、ニュージーランドでは、2012年11月に中国との国交樹立40周年を祝って盛大なパーティが行なわれたが、それには首相、閣僚、市長、財界関係者の他に、華僑社会25万人からの代表者500人が出席している。

外国に自国人（中国人）と同じ民族が居住していることは、政治や外交のみならず経済や文化面でも紐帯《ちゆうたい》関係を構築するうえで有益であり、自国（中国）との対立や摩擦が発生した場合でも、紛争が拡大する前に相手国の中で止めさせることが可能となる。

すでに、東南アジア諸国に居住する華僑は、現地の国の経済的実権を握っているだけでなく、政治的にも影響力を及ぼしている。たとえば、1995年に国連が、地下を含むあらゆる場所における核爆発実験を禁止する「包括的核実験禁止条約（CTBT）」を決議したとき、核実験の回数が少なかったフランスと中国が、条約の期限となる1996年9月までに駆け込みで実験を強行したことがあった。

その際、フランスが南西太平洋で核実験を行なうや否《いな》や、米国内の華僑と東南アジア諸国は一斉にフランスを非難する大合唱をしたが、直後に中国が新疆ウイグル自治区で行なった核実験に対しては、沈黙を守って非難など一度もしなかったのである。

米国は移民からなる国家であるが、米国人となった者は米国政府と母国が対立した場合でも、出身母国を擁護する言動を取ることはない。なぜなら米国に忠誠を誓って米国人になっているからである。

実際、これまでにも米国は欧州諸国のみならず、アフリカ、中東、南アジア、中南米としばしば対立する政治・経済政策をとっているが、これらの国から移民して米国人となった者は、決して母国を助ける言動は起こさないし、米国政府に楯突《たてつ》くことはない。

日米戦争が起きたときでも、日系人の若者は米国に忠誠を誓って、米軍人として欧州戦線へ出征していった。ところが、華僑だけは違う感情を持っている。彼らは国籍を取得し

〔表―5〕各国における華僑人口

国　　名	華僑人口（単位：万）
台湾	2,056
香港	591
インドネシア	767
タイ	706
マレーシア	639
米　国	346
シンガポール	279
カナダ	136
ペルー	130
ベトナム	126
フィリピン	115
ミャンマー	110
ロシア	100
韓　国	70
オーストラリア	69
日　本	52
カンボジア	34

※「世界国勢図会」などから著者作成

た国への忠誠度と同じくらい、出身母国である中国に忠誠心を持っている民族である。

なぜ中国政府は、富裕層の海外逃亡に危機感を抱かないのか

かつての華僑は、中国内で食いはぐれた者たちが海外へ新天地を求めて移住をしたが、2000年以降、中国から米国やオーストラリアなどへ移住するのは、富裕層の者ばかりである。2012年4月に中国の招商《しょうしょう》銀行と、米国のベイン&カンパニーが共同発表した「2011年中国個人資産白書」によれば、中国の富裕層のうち、27%がすでに移民手続きを完了し、47%が移民を考慮中としている。

富裕層の移民先として米国が多いのは、米国には富裕な移民を受け入れるための制度があるからである。それは米国に50万ドル以上を投資すれば、永住権・グリーンカードを取得できる「EB-5」という制度であるが、米移民局によれば、2007年で270人、2011年には2969人の中国人が申請をしている。

中国の富裕層が海外へ逃亡する理由は、2011年に入ってから不動産バブルが弾《はじ》けつつあることが直接の要因ではあるが、共産党権力の横暴、法体制の不備による社会的不平等、食品や衣料品の安全問題に加えて、環境汚染が進んでいることなどがある。

さらに、異常な軍備拡張から来る米国や周辺諸国との軍事紛争のリスクも、富裕層は肌で感じており、有事の際は徴兵制が復活するため、富裕層の子弟でも賄賂《わいろ》だけでは徴兵を免《まぬか》れることがむずかしいと判断しているからである。

また中国では土地は国家の所有であるから、土地に執着することがないのも理由の一つで、脱出する際も担当の役人に賄賂を贈れば手続きは簡単であるから、住みにくくなったと感じれば、さっさと国外へ移住をする。

そして、中国人の民族的資質を見抜いている中国政府は、富裕層が海外へ逃亡することに対して、危機感を抱いて阻止することはない。なぜなら中国政府は、孫子の兵法にいう「戦わずして勝つ」ことを国家戦略として、軍事力を使わなくとも自然に中国の支配する地域がアジアや太平洋地域に広がると見ており、労せずして冊封《さくほう》体制が構築できると踏んでいるからである。

ところが米国政府は、この中国人の民族的資質をまったく理解しておらず、国家にしても、戦略的に重要分野の企業にしても、米国籍を持つ中国人を疑うことなく雇用するばかりか、枢要な地位にも就けている。その結果、重要機密が筒抜けで中国に渡っているが、米国はそのことがわかっていない。それは、米国は完全な契約社会であるから、米国籍を取得する際に米国に忠誠を誓って宣誓書にサインした者が、米国に不利益をもたらすはずがないと信じこんでしまっているからである。

だが1980年代には、技術力において西側から40年も遅れているとみなされていた国が、わずか10年で弾道ミサイル、原潜、ステルス戦闘機などを整備し、あっと言う間に米国に追いついた事実を、米国人はまったく理解していない。米国はもとより日本も、中国の「戦わずして勝つ」戦略を充分認識し、対策を取らねばならないのである。

中華民族の復讐心が原動力

胡錦濤前国家主席は、2011年4月の「アジアフォーラム」で演説し、自由民主主義を標榜《ひょうぼう》する欧米先進諸国に対して「文明の多様性」を訴えるとともに、中国は今後も共産党一党独裁体制下で経済発展を目指すとし、中国式の政治・経済モデルを堅持していく方針を表明した。

なぜ、胡前主席が独裁体制の維持を強調したのかと言えば、自由民主主義制度をとらなくても、共産党という立派な（?）独裁政治体制によって、世界第2位の経済大国にまで成長できた実績を強く訴えるとともに、欧米などからの体制批判を躱《かわ》したかったからである。

胡主席によれば、中国が独裁体制を止めて民主主義体制を採用していたならば、これほど短期間に世界第二の経済大国になどなれなかったであろうし、有人宇宙船なども打ち上げることはできなかった、ということになる。中国がここまで発展できたのは、共産党による独裁政権のお陰であるというわけである。

しかし同時に、改革開放政策以来、中国には大量の外国資本と外国文化、とりわけ自由主義の波が押し寄せて、独裁政治の基盤を揺るがす事態が年々増大しており、政権の存立に危機感を抱き始めていた。

そこで、民主主義や人権を求める欧米諸国からの介入を防ぐために、新たな理論武装で共産主義を擁護したのが「文明の多様性」という表現である。

胡主席が言うように、世界には民主的共和制、独裁的共和制、軍部独裁制、議会制民主主義、王制など諸々の政治体制があり、その地域の特性や民族性に基づいた政治や経済活動が行なわれてきている。事実、国際社会には２０１２年現在でも、52の王制を敷く国家がある。

ところが民主や人権などの普遍的理念を最上のものとして、米国などが無理に政治体制を変えると、イラクやアフガニスタンなどのように、国内は大混乱に陥り、収拾のつかない社会になってしまうと、胡前主席は批判する。

つまり各民族が選ぶ発展の道を互いに尊重していかなければならないとして、独裁政権を危惧《きぐ》する民主主義国家に対して、世界の大半は中国的独裁政権を必要としていると主張し、中国の体制は間違ってはいないと嘯《うそぶ》いたと言えよう。

なぜ中国は、国際ルールを無視するのか

中国が主張する「文明の多様性」は、一党独裁政権や軍事独裁政権には都合がよくても、支配を受ける人民の側から見れば、迷惑でしかない。だが独裁政権の中国政府からすれば、確実に世界覇権を持つ中華帝国の実現であり、それは取りも直さず「華夷《かい》秩序」に基づく「冊封《さくほう》体制」の現代版ができると考えているからである。

そして華夷秩序や冊封体制を実現するために、中国は政治・外交においても、経済や文化政策においても、さらに軍備拡張政策においても、国際ルールを無視する傲岸不遜《ごうがんふそん》な手段と方法を取り始めている。なぜ、国際ルールを無視するのかには理由がある。

中国3600年の歴史において、漢民族は中国と周辺諸国こそが「天下」と考え、それ

を統《す》べてきたのが中華皇帝であると自負してきた。つまりすべてのルールは宇宙唯一の皇帝が作り、国内人民も周辺異民族もそれに従ってきたと考えてきたのである。

ところがアヘン戦争で白人国家の英国に敗れて以来、中国は１００年間というもの列強諸国に虐《しいた》げられていたが、その間に列強諸国は貿易・通商から安全保障分野にいたるまでさまざまの国際ルールを設定し、国際条約として相互に遵守する体制を整えてきた。

だが、天下イズムをもって宇宙に君臨してきたと自負する中国にとって、自国が関与せずに成立した国際ルールは認めるわけにはいかないのである。このため、中国は自国に都合のよいルールの場合は遵守するが、都合の悪いルールは一切認めようとせず、相手に損害を与えたり迷惑をかけたりしても意に介さない。

２０１２年12月になって、共同通信社が入手した１９５０年の中国の外交文書では、「尖閣諸島は日本に含まれる」と説明し、尖閣諸島を琉球《りゅうきゅう》の一部として論じていることが判明しただけでなく、中国が尖閣諸島を呼ぶ際に用いている「釣魚島」の名称は一切使われていなかったことも明らかになった（「産経新聞」２０１２年12月28日付）。

ところが、この事実を突きつけられた在日中国大使館の楊宇《ようう》報道官は、「たとえ文書があるとしても、中国が釣魚島を中国固有の領土とする立場は変えることはない」とコメントし、自国に都合の悪いものは自国の外交文書であっても決して認めようとしていない。

南シナ海や東シナ海で他国の領域を平然と侵《おか》して自国の意思を押し通すのは、国連海洋法のルールが中国の都合にそぐわないからであり、他国の知的所有権や財産権を侵すのも、これらのルール作りに中国が参加しない間に決められたから、我関せずとして堂々と他国の権利を侵すことになる。

こうした考えは中国政府のみならず一般人民も同様であるから、国際ルールなどを遵守する意思はない。２０１０年９月に尖閣諸島沖合で日本の公船である海上保安庁の巡視船に体当たりをした中国漁船の船長は、国際ルールなど屁《へ》の河童《かっぱ》であった。

黄海でしばしば違反事件を起こす中国漁船を取り締まる韓国警備艇に対しても、中国の漁船員は武器を持って抵抗し、韓国側に死傷者が出たが、これも国際ルールなどまったく顧慮しないがゆえの行為である。南シナ海の周辺には軍事力のない諸国ばかりであるから、中国の独壇場となっており、被害国は皆、口で文句を言うだけである。

しかも、東南アジア諸国には華僑が多数居住して、経済的実権を握っており、母国である中国が不利となるような動きに対しては、与野党の政治家に圧力をかけて穏便な政策としてしまう。中国政府にとって、これほど心強い味方はないであろう。

国際社会はできるだけ早い機会に、この漢民族中国人の「華僑的心情」を政治的・法律的に解決しておかないと、中国人に完全に支配されることになりかねない。華夷秩序の中で、満足するならば別であるが……。

(2) 最大のターゲットは日本

世界でも異質な中国の歴史認識

中国がアジアと太平洋の支配を目指していることは明らかであるが、その最大のターゲットは日本である。中国の認識は、歴史的・文化的に見れば、一時的とはいえ日本は中華皇帝の冊封体制に入っていたし、漢字をはじめとする文化や政治制度を導入した「夷《えびす》」であったとする意識がきわめて強い。

そうであればこそ共産党政権となった中国は、その日本に一時的とはいえ、国土を占領されたり二十一ヶ条要求を突き付けられたりと屈辱を味わったことに対して、復讐しなければならないという教育をしているわけである。

英国によるアヘンの輸入で中国人は3000万人以上が廃人となったうえに、アヘン戦争とアロー号戦争では英仏連合軍に徹底的な敗北を喫《きっ》し、さらに香港・マカオを奪われるなどの屈辱を味わった。

だが中国人は、欧米白人諸国は長い間「絶域」にあって、皇帝の恩恵が及んでいなかったから、白人の暴挙に対してはまだ許せるが、恩恵を受けていながら中国人を虐待した日本人は決して許せないという教育を、１９４９年以来、一貫して行なってきている。無論、それは独裁政権に対する人民の不満を日本に向けさせて、ガス抜きを計る一石二鳥の効果があるからである。

もちろん中国人の歴史認識は皆虚構・捏造《ねつぞう》だが、彼らの戦略では歪曲《わいきょく》や捏造などは朝飯前である。筆者は、かつて北京の盧溝橋《ろこうきょう》のすぐ傍《そば》に立つ「中国人民抗日戦争記念館」を訪れて見学をしたことがあるが、日本の軍人であれば決して着るはずのないルバシカを着た人形が、日本刀で中国人を殺傷したりする展示は噴飯ものであった。

あまりにも出鱈目《でたらめ》なので、館長の張《ちょう》氏に面会を求め、全部ウソで固めた展示品ばかりであると抗議したところ、北京政府の幹部に言ってくれと逃げてしまった。最も酷《ひど》いのは「南京大虐殺事件」である。

中国政府は日本軍が30万人もの中国人を虐殺したと、教科書に記述しているが、まったくの出鱈目である。なぜなら、１９３１年9月に発生した満洲《まんしゅう》事変では、関東軍は張学《ちょうがく》良《りょう》軍を奇襲して500人ほど死傷させたが、中華民国政府はその3日後、ただちに国際連盟に訴えた。

ところが1937年12月に起き、30万人が虐殺されたと非難する日本軍の南京攻略戦では、そのことを訴えたのは事件発生から9年も経った1946年の東京裁判のときであった。第一、当時の南京市の住民はみな避難していて11万人ほどしか残っていなかったし、仮に全部を殺害したとしたら、その遺体の処理、埋葬はどうしたのであろうか。

そのような埋葬した墓は存在しないし、すぐ傍《かたわら》を流れる長江《ちょうこう》に投げ捨てれば世界中が分かるはずである。

要するに、無知で恥知らずの人民に日本憎しの感情を植え付けて極端な愛国精神を喚起させ、日本や日本人に危害を加えても「愛国無罪」の風潮を育て上げる一方で、日本人に中国に対する贖罪意識を植え込んで、日本の経済と技術を毟《むし》り取る戦略を実行しているだけである。

共産党政府にしてみれば、日本を華夷秩序の中に閉じ込め、中国の属国としたうえで日本人を虐待しなければ、これまでの反日政策の整合性がとれないとして、何としても日本を支配しようと目論《もくろ》むわけである。

中国に利する日本人の贖罪《しょくざい》史観

この中国の対日認識は、中国が経済力も軍事力も充実してきた2000年に入ると、日本を衰退しつつある周辺国の一つとして見下すようになり、日本が民主党政権になると、一段と傲岸不遜になっている。

その意味するところは、米国を重視し、米中の枠組みの中で日本をコントロールしようとしはじめたと見ることができよう。

その日米離間策の一環として、華僑をはじめとする世界中の華僑に反日的運動を起こさせ、日本が謝罪しつづけなければならないという国際世論を醸成しようとしている。

こうした中国の宣伝戦をまともに受け取って、中国に対して贖罪意識を抱く巨大マスコミや政治家・外務官僚、そして日本の近現代史を自虐的に捉えて、日本の若者に教育する教師や大学教授がいることは誠に残念である。みすみす中国の戦略に乗せられていることが理解できていない。

独裁政権の中国にとって、自虐的な歴史観と中国に対する贖罪意識にこり固まった日本人の存在は、日本を属国とする場合に大きな力となるはずで、日本人の中に親中・媚中派が多くいることは喜ばしい限りである。

だが、実のところ、中国のこうした歴史観の醸成には、米国が深く関わっている。というのも、米国も日露戦争以後、日本を仮想敵国とみなし、国民党政府とも手を組んで、日本にさまざまな謀略をしかけていたからである。そのため、現在の中国がいくらでたらめな歴史を捏造しようとも、米国はそれを否定することができない。それをいいことに中国は、いっそう嘘でたらめを作り出すという構造になっている。戦前中国で起こった個々の事実に関して、米国が国民党政府とともに行なった対日謀略の数々を公開しなければ、日本がいくら反論しても中国は屁《へ》の河童である。

それゆえ、日米同盟を深化させようとしている今こそ、日本は米国に対して、リットン調査報告書、南京事件、パールハーバー事件など、米国が行なった一連の対日謀略事案を、自国の国益やメンツに拘《こだわ》ることなく公開するよう要求し、交渉すべきなのである。米国が戦前のこうした事実を認めることなく隠蔽を続ければ、中国の対日批判も永遠に続くことになる。そして共産党政府は、徹底的にこれを利用していると断言できるのである。

中国政府の進めている対日戦略は、「三戦」と呼ばれるが、これは心理戦、法律戦、宣伝戦で、日本人の精神を骨抜きにしようとするものである。さらに、中国と戦うことなどまったく不可能と思わせるために、人民解放軍には巨額の予算を与えて強大な軍事力を構築させている。

中国に好都合な米国パワーの衰退

２０１２年12月、米国の国家情報会議（ＮＩＣ）は、４年ごとに行なっている「世界潮流（グローバル・トレンド）２０３０」の、５回目となる報告書を発表したが、それによると、米国が巨額の財政赤字を抱えて国防費が大幅に削減され、そのために経済力と軍事力が相対的に低下するのに対して、中国とインドが急速に台頭し、世界の混迷は深まるとの懸念を表明した。

この状態は、英国が指導力を失った１９３０年代を連想させるとし、米国が中国やインド、あるいはロシアなどの「地域の覇権国家」への影響力を失い、「力の空白」が生じるとしている。ＮＩＣの報告書の骨子は93ページのとおりである。

だが、このＮＩＣの予測は米国に甘いと言わねばならない。この予測の中に華僑の存在が考慮されていないことと、１５０カ国ほどある開発途上国のほとんどが強権政治を行なっているうえに、白人である米国人が世界を主導していることを苦々しく見ており、むしろ有色人種の間には中国の覇権を容認する感情が強いことを見逃している。

一方、中国は7～8％という経済成長率を維持すると考えられるから、2012年現在のGDPは580兆円ほどであっても、早ければ2017年に米国と並ぶ16兆ドル（1ドル90円換算で約1440兆円）、遅くとも2020年頃には米国経済を追い越し、2030年には完全に米国経済を引き離す公算が強い。

2011年に米国防費は過去最高額を記録したが、同年8月、経済の悪化を受けて米議会は、「予算管理法（Budget Control Act）」を成立させ、今後10年間で4870億ドル（約44兆円）の軍事費削減に着手するよう厳しく求めた。

これを受けてペンタゴンは、2012年1月に「予算の優先順位と選択（Defense Budget Priorities and Choices）」と題する報告書を議会に提出し了承を得た。

この計画によると、陸軍を現行の56万2000人から49万人へ削減するため、ヨーロッパに展開する陸軍4個旅団のうち2個旅団を撤退させることになる。さらに米国内にある基地の統合と閉鎖を進めることになる。

海兵隊も、現行の20万2000人から18万2000人へと削減し、空軍の60ある戦術戦闘飛行隊のうち、6飛行隊を削減するとともに、老朽化した輸送機127機以上を退役させ、最新型の「F‐35」戦闘機も、今後5年間で調達を計画していた423機のうち、1

〔表—6〕NIC報告書の概要

【世界のメガトレンド】
▽2020年頃に中国が米国を抜き、世界最大の経済大国になる
▽日本や欧州、ロシアの経済は相対的衰退を続ける
▽人口増などにより、全世界の食糧、水、エネルギーの需要は、それぞれ35～50％増加する
▽2030年には、米中を含め、覇権国家となる国はない
【米国の役割】
▽米国一極体制の時代は終わり、パックス・アメリカーナは急速に終焉に向かう
▽中国のナショナリズムが高まる中、米国の関与が持続されなければ、アジアの不安定さが増大する
▽2030年時点で米国は、同等レベルの大国の中でトップの座を維持している可能性が高い
【日本】
▽急速な高齢化と人口減により、長期的成長の可能性を著しく損なう

79機を先送りするなど、2013会計年度以降の5年間で、約2590億ドル（約23兆円）を削減する。

米海軍主要艦艇の総隻数は2012年現在287隻であるが、中国海軍の膨張にともなってその地域的配分を変更する。米海軍総司令官のジョナサン・グリナート大将によれば、現在の287隻のうち111隻が西太平洋にあるが、今後はさらに10年で西太平洋に50隻から60隻を増補するとともに、総隻数も295隻に増やす計画という。

また原子力空母の11隻体制は崩さず、現在の「ジョージ・ワシントン」級空母に新たに飛行甲板を15～20m長くして、艦載機の発着数を増やすとともに、乗組員の数も3500人から約30％削減し2425人にスリム化するという。さらに、老朽化する空母に替えて新たに、新鋭の「ジェラルド・フォード」級2隻を10年以内に建造し、旧艦と入れ替えるとしている。

当然ながら米国経済の深刻な停滞は、中国にとっては追い風となって、米国の軍事力に急速に迫る勢いを見せている。

中国の国防費は1989年から2009年までの21年間、2ケタ増を続けたが、世界同時不況のあおりを受けて2010年は1ケタ増にとどまった。ところが2011年の国防

〔表―7〕日米中のGDPと国防費

日米中のGDPと国防費		
	GDP（2011年）	国防費（2011年）
米国	15兆750億ドル（1260兆円）	6710億ドル（53兆6800億円）
中国	7兆2981億ドル（583兆円）	1143億ドル（9兆1440億円）
日本	5兆8665億ドル（468兆円）	514億ドル（4兆1120億円）

※ World Economic Outlook Databases 2012年10月
※ストックホルム国際平和研究所（SIPRI）2012年版

予算は前年度比12・7％の増額となり、2010年のGDP成長率10％を上回り、2012年の国防費も前年度実績比で11・2％増加している。

しかも公表される国防費の内容が曖昧かつ不明確であることは相変わらずである。たとえば、戦略ミサイル部隊（第二砲兵部隊）の維持費が宇宙開発予算に含まれ、ロシアなどからの先端兵器の購入費も経済部門の輸入として扱われ、国防研究費や軍事教育費用が文教科学予算に分類されるなど、見かけの国防費が大きくならないように仕組まれている。

このため、ペンタゴンをはじめとする各国の軍事研究機関は、中国の国防費は公表されている額よりも、1・5〜2・0倍以上と予測し、中国が公表した2011年度国防予算「6000億元（約7兆5000億円）」は、実際は最低でも約2倍の14兆2000億円と見ている。

実際、最新兵器の研究・開発費、購入費、第二砲兵部隊の維持費などを総計すれば、優に20兆円を超えてもおかしくない。

弱点は権力の腐敗と人民の不満

華僑の世界的拡大、戦略戦力・通常戦力の充実、世界第2位の経済力、豊富な資源、圧倒的な人口、ライバル米国の経済的停滞等々を考慮すると、2050年にはアジアと太平洋地域をその傘下に収めることも、夢ではないように思われる。

しかしながら、独裁政権の思惑を崩すような「マイナス要因」もいくつか存在することは確かである。それは、中国自身がこれまでの経済戦略として推進してきた「イケイケドンドン政策」が、2012年を境にして中国に跳《は》ね返りはじめたことである。

中国は基本的に外国資本と技術を受け入れ、豊富な資源と安価な労働力によって安い製品を輸出することによって経済を成長させてきた。投資をする先進国サイドにとっても、人口豊富な中国は巨大な工場としてだけでなく、巨大な消費市場としてもメリットがきわめて大きいため、中国へ生産拠点を移そうとする企業は2013年度でも少なくない。

ただ、中国の伝統的習慣となっている「腐敗構造」が、独裁権力や巨大経済利権を巡って張り巡らされているため、政権内部での権力闘争が熾烈《しれつ》化するとともに、非搾取者である人民からの反政府行動も強まり、ますます強力な独裁者を必要とする社会となってきている。そのため公安警察と人民解放軍の存在が大きくなっている。

中国の人件費が2000年以来、徐々に高騰を始めたことに加えて、日本の尖閣諸島を巡る反日デモで、中国人民が異常な民族的資質を持っていることが露呈されたため、世界の企業経営者はチャイナリスクを真剣に考慮するようになった。実は経営者を憂慮させたのは、人民が乱暴狼藉《ろうぜき》を働いたことに対して、中国政府がこうした暴走を許容していたことであった。

自由と民主を基調とする資本主義は、経済を巡る競争の社会であるから、給料や労働内容を巡って資本家と労働者はしばしば対立するが、その場合でも決して暴力を振るったり人権を傷つけるような行為は許されていない。だが経済発展を優先する独裁政権は、格差社会による人民の不満を反日政策でガス抜きさせる他には、権力で抑え込むしかない。

2013年1月に中国広東《カントン》省の週刊誌が新年号の「社説」に憲政こそが中国を発展させるとした内容を掲載しようとしたところ、習近平の「中華民族の再興」にすり換えられるという事件が発生した。

これに対して同誌編集部が抗議声明の中で、共産党委員会宣伝部に書き換えさせられたり、認められなかったりした記事は、2012年度だけで1034本に上ったことを明らかにし、宣伝部トップの辞任を求める書簡をネット上で公開した。

中国メディアは、人民の声を無視している政権を批判したわけであるが、実は2800年前に、すでに人民の声を無視することは危険であることを当時の周《しゅう》王に警告した人物がいたのである。

それは、周王朝第10代の厲王《れいおう》が、人民の言論を抑えて乱暴で残虐な振る舞いをしていることに対して召公《しょうこう》が「民の口を防ぐは水（の氾濫《はんらん》）を防ぐよりも甚《はなは》だし（むずかしい）」と諫《いさ》め、人民に政治批判をさせないと人民の不満が昂《こう》じ、かえって危険が大きくなると警告している（史記・周本紀）。

同じことは、かつて中国の外相・唐家璇《とうかせん》が、日本に対して「歴史を鑑《かがみ》として反省せよ」と批判したことがあったが、中国自身が歴史を鑑としていないことを露呈していると言えよう。このため、外国企業がまず、中国からの撤退を始めたことが、堤防に穴を開けたことを示している。

続々と撤退を始めた日米欧企業

日本企業が中国から撤退を始める動きを見せると、次いで米国が撤退を始めるようになった。その代表的な企業が「アップル社」である。同社は1990年代後半に中国へ生産拠点を移してパソコンの「Mac」や「iPhone」、「iPad」などを生産し、世界へ販売してきた。基本デザインは米国内で、部品の組み立てなどは中国で行なってきた。

同じことは電機メーカーのゼネラル・エレクトリック社、建設機械のキャタピラー社、エレベーターのオーティス社、現金自動出入機（ATM）のNCR社なども行なってきたが、いずれも中国から撤退して、米国内に製造拠点を移しはじめている。

米国の場合も、「米国から雇用が失われ、国内産業が空洞化した」と批判されてきたが、商標登録問題で48億円もの費用を支払わされたアップル社のように、経済ルールやモラルを守らない中国に対して、これ以上のリスクを負うことは企業の存続に関わるという脅威を抱きはじめたのである。

米国の大手コンサルティング・グループが中国に投資している米国の主要企業100社にアンケート調査をしたところ、37%が「米国に生産拠点を戻すことを考えている」と回答している。2012年11月に再選を果たしたオバマ大統領も、雇用政策では「製造業の復活」を掲げ、企業の海外移転を防ぐため、法人税の税控除をなくすことを表明している。

なぜなら、中国から米国へ戻る工場が出てくれば、最大３００万人の雇用創出に繋がると試算されており、オバマ政権の大きな課題となっている失業者対策に大いに寄与するからである。

中国からの撤退を考えているのは、欧州諸国の経営者も同様であるが、一度生産拠点を海外に移すと、生産ラインを本国へ戻す作業は簡単ではない。現地労働者の賃金・生活保障、設備の撤収・売却問題、契約解除による違約金支払いなどの問題が山積しているからである。

一方、日米欧などの先進国が、中国市場から撤退を始めるということは、一方で日本に投資が行なわれることを意味することになる。

それは、２０００年以来の円高を見れば明らかである。過去20年以上にわたって経済が停滞し、失われた20年とまで揶揄《やゆ》されている日本経済であるが、「円」だけは世界中から買われ１２０円ほどのレートであったものが、この20年の間に１００円、90円、80円と高レベルで推移してきたことを見ても理解できよう。

日本経済は凋落《ちょうらく》したと言われる一方で、円だけは高い評価を得ているということは、日本経済に対する信用が高いということでもある。安倍晋三《あべしんぞう》政権に替わって成長戦略を取り始めた日本は、今後2、3年以内に、大量の資本が投下される可能性があるから、日本としては巨大プロジェクトをいくつも進める絶好の機会になるであろう。

ともあれ、こうした経済のトレンドは、中国の経済成長率に影響を与えることは避けられないであろうし、とりわけ、21世紀の軍事は、ハイテクが軍事戦略を決定することは、人民解放軍の中枢部もよく理解している。問題は、独裁政権が人民の不満と人民解放軍の不満を解消できるか否《いな》かにかかっていると言えよう。

(3)　両刃《もろは》の剣となった人民解放軍

沸点に達しつつある陸軍の不満

　1980年代から急速な兵力削減を行なってきた陸軍であるが、その配備状況は7個軍区体制を維持している。7つの軍区とは、北から瀋陽軍区、北京軍区、済南軍区、南京軍区、広州軍区、蘭州軍区、成都軍区である。

　一方で1980年代から積極化した海洋戦略によって、海軍を「沿岸海軍」から「近海海軍」へと変革させるに見合うだけの巨額な予算が必要とされたために、陸軍はその分、大幅な予算縮小を余儀なくされ、不満が高まる結果となった。

　このため、陸軍を退役させられた兵士には、軍が経営する企業へ再就職させたり、地方出身で優秀な軍務者には沿岸部の都市に居住できる権利を与えるなどの特典を与えたが、退役者全員が特典を享受できたわけではなく、不満の種は残ったままだった。

１９４９年の共産党政権樹立に、最も功績があったのは陸軍であり、空軍はほとんど貢献というに値《あたい》せず、海軍にいたっては存在さえしていなかった。第二次大戦後も、朝鮮戦争、中印戦争、ベトナム戦争、中越戦争、中ソ紛争などの紛争があったが、いずれも主役は常に陸軍であった。

ところが１９８５年に、世界情勢の変化と国内経済発展を受けて、中央軍事委員会は、第一、第二列島線の内海化戦略を採用したため、陸軍は主役の座を降ろされることとなった。

当然ながら、予算も最も少なくなり、そのため１９９０年代以来、陸軍部隊の訓練回数も大幅に減少している。

それゆえ、共産党政府が米国の中央アジア進出を阻止するために、「上海協力機構」を立ち上げたのも、実は陸軍の不満を抑《おさ》える狙いがあったと言えよう。

党の思惑は、上海協力機構のメンバーは、すべて中国の国境沿いにある陸軍国家であり、共同演習の主役は陸軍となる。そこで陸軍幹部が「国際会議」である上海協力機構で主導権を握ることとなり、不満は解消するだろうというものであった。

だが、そうしたコントロール方法は、ますます軍の政治的台頭を増長しており、新たに総書記に就任した習近平も、軍に基盤がないため、160万におよぶ陸軍をコントロールができるのか疑問がもたれている。要するに中国独裁政権は銃口から生まれた政権であるため、シビリアン・コントロールのような軍の暴走を抑える機能がない。このことが大きな弱点となっている。

続発する陸軍と警察との紛争事件

中国政府の懸念は、大陸内7軍区に駐屯する陸軍160万人の不満が、農山村部などの不満分子と合体して暴動を起こすことである。そうなれば空軍や海軍では抑え込むことができず、簡単にクーデタが成就してしまう可能性がある。中国の歴代王朝が倒れた原因をみても、外敵からの侵攻よりも内部からの反乱による交替が多い。いずれも独裁政権が、国内の貧民政策を誤った結果であった。

さらに人民解放軍の不満を醸成している問題に、人民武装警察部隊との関係がある。それは共産党を守るための警察官や人民武装警察隊員の給与が、駐屯軍兵士よりもはるかに高く、自由度も警察官のほうが軍よりも圧倒的に高いことで、このため、わずかな縄張りや金銭を巡って両者は争っており、2000年以来、しばしば小競《こぜ》り合いを繰り返してきた。

改革開放が進展しはじめた1980年代までは、党幹部を除いて銀行の頭取も、販売店の売り子も、大学教授も工場労働者も、そして農民も将軍も警察幹部も、ほぼ同じような賃金であった。ところが、1980年代半ばを過ぎる頃から、金銭を扱う職業と党幹部の収入は加速度的に上がり、その格差は年々拡大している。

さらに軍人の給与が抑えられてきたにもかかわらず、警察官や人民武装警察隊員の給与は上がり、同じ共産党を守る立場にある軍との差が大きくなっており、このことが紛争の種になっている。

両者の争いが表面化したのが2011年10月に山西省、広西チワン族自治区、そして寧《ねい》夏回族《かウイグル》自治区で、ほぼ時を同じくして陸軍と人民武装警察が衝突した事件である。いずれも原因はごく些細《ささい》なものだった。

「山西省」の事件は、軍が経営するダンスホールを巡る争いで、警察はダンスホールを借りるために手付金を業者にすでに支払っていたが、軍のほうで重要な接待があるからダンスホールは貸し出さないとしたことからトラブルとなったものである。このため300人ほどの人民武装警察隊員と100人の軍人が椅子や酒瓶を振り回して争い、接待係の女性

8人を含む70人が負傷した。

「広西チワン族自治区」では、駐屯地の一将校が外で遊んだあと尿意を催したので、付近の派出所のトイレを借りようとしたが見つからず、あたりかまわず放尿してしまったために、近くにいた警察官と口論が始まった。それをきっかけにして警察側は人民武装警察部隊700人と装甲車50台を出動させ、軍側も2000人を出動させる騒ぎとなり、両者合わせて22人が負傷する事件となった。

そして「寧夏回族自治区」での事件は、高速道路の検問所を通過する際、軍が警察の検問を拒否したことから問題が起こり、警察は400人の人民武装警察隊員、軍は1200人の兵士を投入し、武装警察側に12人、軍側に3人の重傷者を出す事件となった。

中央政府では、こうした事件の場合、警察を罰するよりも軍の規律が緩んでいるとして、軍隊の綱紀粛正を求める傾向があるが、それは警察や武装警察が党を直接護衛し、人民を直接抑える役割を担《にな》っているからである。警察を罰してしまっては、共産党要人を守る者がいなくなるから、どうしても警察には甘くなる。

その代わり、党は、軍の要求する装備の充実や軍事予算の増加、ひいては幹部給料の値上げなどを拒絶することができず、また人民解放軍の求める対外軍事政策や、退役後の軍人の再就職先の安定的供給へと、力を向けざるをえない事情がある。

深刻化する兵士不足と質の低下

中国国防部によれば、2000年から2010年までの兵士募集は、毎年52万人から62万人の規模で行なわれてきているが、常に10万人以上が不足している。1970年代までは徴兵制であったため、若者は全員が軍への入隊を義務づけられていたが、1990年代からは選抜徴兵制となり、さらに2000年に入ると志願制へと制度が変わってきたことに原因がある。

徴兵制時代の1970年代までは、文革のために、役人や党幹部の子弟でも地方の農山村などへ定住する義務があったため、これから逃れるために進んで軍に入隊したこともあって、党幹部の子弟でさえ9割ほどが入隊していたが、徴兵制がなくなった2000年以降は、党幹部子弟の入隊者は1・4%にまで落ち込んでいると言われている。

入隊をしない党幹部の子弟は、親の庇護《ひご》の下、海外留学を経て金融界や政界などに進み、財産を築くことに熱心であるという。

一方、都市部の青年にとっては、給与が低く拘束時間が多いうえに3K職場となっている軍に入隊するよりも、大学へ進学し企業で働くほうがはるかにマシと考えるのは当然であるが、貧しい農山村の若者にとっては、都市部への出稼ぎか、軍への入隊しか選択肢がない。

そこで軍は、募兵のために奨励金や退役後の就職斡旋《あっせん》を約束したり、軍区によっては退役後には住居と仕事を与え、結婚相手も紹介するなどの条件を出している所もある。軍は退役後の兵士のためにも、さまざまな職種の団体や民間企業を経営する必要があるとしているが、党としては民間企業の経営を圧迫するとして、公的には認めようとしていない。

さらに軍にとって頭が痛い問題は、長い間の一人っ子政策が祟《たた》って、男子の応募者数が減少しているうえに、経済発展で豊かな生活を享受してきた若者には、甘やかされて育った者が多く、厳しい軍の訓練に対応できないことである。

先の四川《しせん》地震では、被災地復旧のために陸軍兵士が大量に動員されたが、訓練がなされていなかったために機動性を発揮できず、そのモタつきぶりが笑いものになったほどである。特にマンパワーを必要とする陸軍の場合には、精強力を保つために厳しい訓練と頑強な体力が必要であるが、ひ弱な体の若者が多いうえに、訓練のための予算が少ないため、精強な軍隊というにはほど遠くなっている。

家を強制収用された農村出身兵士の恨み

さらに、共産党の政策に対する不満や恨みから、事件を起こす兵士まで出てきている。地方の軍区にある人民解放軍に入隊してくる若者は、多くが貧しい農山村の出身者であるが、経済発展のために工場やダム、そして高速道路や高速鉄道などが建設される過程で、彼らの出身地が強制的に政府に取り上げられる場合もある。

２０１１年11月に、香港のメディア「星島日報」が伝えたところによると、瀋陽軍区第46師団装甲団に所属する兵士４人が、駐屯地から自動小銃と実弾８００発を持って脱走し、遼寧省の国道沿いで特殊武装警察と銃撃戦を展開した末に射殺された。「星島日報」によれば、４人の兵士が脱走した原因は、「この部隊の班長である楊帆《ようはん》の実家の家屋が、政府によって強制的に取り壊されたことにあった」としている。中国では急速な経済発展にともなって、90年代から都市開発や工場建設が各地で進んでいるが、土地が国家所有のため、一般人民の家屋などは無条件で強制立ち退きや取り壊しの対象となる。そのため、政府と人民の間に対立が激化していた。

人民の強制立ち退きに対する抗議デモは、２０１１年度だけでも18万件におよんでいるが、楊帆班長の実家も地方政府によって取り壊され、楊帆班長は政府に対して大きな恨みがあった。そして班長に同情した他の3人が行動をともにしたが、それは軍隊の仲間は同じ釜の飯を食って苦労をともにするために、結束力や義理人情に厚いからであるという。

特に農山村出身の兵士たちは、自らの将来も暗いことから、仲間のためなら命を投げ出すことを惜しまない風潮がある。

実際、瀋陽軍区の楊帆班長の脱走銃撃事件が示したように、現役の兵士や退役した兵士をはじめとする不平分子による政府要人に対する暗殺未遂事件が、2007年から2010年までで400件も発生していると、中央政治局常務委員の周永康《しゅうえいこう》が中央安全警備工作緊急会議で述べている。

周永康によれば、2010年度だけで、中央の副総理以上が9回、委員会の1級指導者が25回、地方の党の政治や法務に関わる省や、庁の2級指導者が77回の暗殺未遂事件を起こされていると公表した。このため、党では護衛のために特殊警察官の大幅増員を要求せざるをえないという。

共産党政府が、強力な人民解放軍を維持しつづけるには、まずは兵士の不満を解消する諸々の政策・手当が必要であろうし、同じ仕事に従事している武装警察との格差もなくすしかないだろう。

ところが陸軍160万人の給与を上げれば、海軍や空軍も同様に上げなければならず、待遇がよくなったからといって、一人っ子政策で甘やかされた若者が多く軍隊に入って来ても、軍隊が求める戦力となる保証はない。

なぜ共産党は、軍の暴走を止められないのか

一方、人民解放軍が経営する軍需産業は、膨大な利益を挙げているが、日本と異なって競争相手はいないから、複数の軍需産業が経費削減努力などすることはない。要求する価格を軍が支払うため経営は安泰である。

そうなると、軍から天下った軍需産業の中間管理層の間では、部品の横流しや横領などの汚職が蔓延《はびこ》り、そうした軍ＯＢは莫大な財産を築くことができるが、農山村から出稼ぎで雇われている一般労働者は、そのトバッチリを受けることになる。

2012年12月に、香港の人権団体は、中国江蘇《こうそ》省靖江《せいこう》市にある造船工場で、従業員5000人がストライキを起こし、長江にかかる高速道路の橋を塞《ふさ》ぎ、排除に当たった警官隊と衝突して20人が負傷したと報じた。この造船工場は、中国海軍初の空母「遼寧」の部品も製造していたと言われるが、不満を持つ従業員は世界人権デーの12月10日にストライ

キを起こしたものである。

中国の憲法前文では、中国共産党が国家を領導するとなっており、国防法においても「中華人民共和国の武装勢力は中国共産党の領導を受ける」とし、第95条第1項では、国家中央軍事委員会が「全国の武装勢力を領導する」となっている。

ちなみに中国の武装勢力とは、国家の常設軍である人民解放軍の陸海空など現役部隊の他、予備役部隊、人民武装警察部隊そして民兵部隊を指している。

ところが、陸軍兵力の大幅削減が行なわれ、大量の失業者を出すとともに、給与が差し押さえられていることは、先にも記したとおりである。

その結果が、党幹部や中央軍事委員会に無断で、自国の老朽化した人工衛星を弾道ミサイルで破壊したり、新鋭ジェット戦闘機「殲-20」の試験飛行を党中央に無断で挙行し、折から中国を訪問していた米国のゲイツ国防長官がその情報を知っていたにもかかわらず、胡錦濤主席は知らされていなかったなどという事態が起こっている。

海上自衛隊のヘリコプターや護衛艦に対する射撃レーダーの照射も軍の独断によるものである。

特に中央軍事委員会の国防部長（国防相）を務める梁《りよう》光烈《こうれつ》上将（大将）は江沢民派の重

鎮であるが、「釣魚島に軍を派遣して島を奪取せよ」と主張する人物で、「月刊中国」を主宰するジャーナリストの鳴霞《めいか》氏が入手した彼のスピーチは、日本にとっては脅威である。

梁光烈大将は、1940年に四川省に生まれた漢族で、1958年に17歳で人民解放軍陸軍に入隊し、翌年に共産党に入党した生粋の共産党員であると同時に、対外戦争の経験を豊富に持つ軍人である。

彼は第一師団工兵大隊の兵士から軍歴をスタートさせ、1981年には第20軍第58師団の師団長となり、1997年には瀋陽軍区司令員（司令官）、1999年に南京軍区司令員、2003年には国家中央軍事委員会委員も兼務し、2008年には党中央軍事委員会委員と国家中央軍事委員会委員、さらに国務委員と国防部長に就任して、現在にいたっている。

彼は、2009年には北朝鮮、日本、タイなどを訪問し、2012年5月には米国を訪問してノースカロライナでは「オスプレイ」に搭乗した経験も持っている。日本訪問時では佐世保《させぼ》でイージス艦「ちょうかい」を視察しているが、筋金入りの反日家でもある。

梁光烈は陸軍軍人ではあるが国防相の立場から、「中国が世界の強国になり、地域の強国になるには、海軍力の強化が不可欠だ。強力な海軍力で沖縄を奪い取り、そこから台湾を奪取し、さらに朝鮮半島を奪い取って完全支配する」。そのため東海艦隊には「沖縄先制攻撃権」を与えているが、中国艦隊が何度も沖縄近海を通過して演習しているのは、自衛隊に対する威嚇《いかく》と挑発である。

実際、2010年9月に尖閣諸島沖合で、中国漁船が海上保安庁の巡視船に体当たりして船長が海保に逮捕され石垣島《いしがき》に拘留されたとき、梁光烈は「特殊部隊を派遣して船長を奪還するとともに、東海艦隊を釣魚島に派遣して占領する」という計画を立てた。温家宝《おんかほう》首相はこれを受けて「24時間以内に不当逮捕した船長を釈放するよう国連に働きかける」と約束し、同時に日本政府にも船長の釈放を迫った。

温家宝と梁光烈の強硬姿勢に恐れをなした民主党政権（当時）が、無条件で船長を釈放してしまったことは、周知の事実である。

ともあれ、中国に独裁政権が誕生して以来、政権を守ってきたのは人民解放軍と公安警察である。特にロシア、インド、ベトナムなどと国境を接する中国にとって、人民解放軍の存在は、現在においてもなお重要である。

各部隊が企業経営に精を出す人民解放軍

さらに中国の国防費が不透明なのは、当然、国防費として計上すべき項目を、他の経済部門や科学研究部門に回していることもさることながら、他国の軍隊にはない「自力更生」部門を持っているからである。

人民解放軍では、創設された1949年から、軍の食糧などを自ら生産することが行なわれてきたが、1980年になって鄧小平が「軍事費は公的予算に頼らず、自ら食糧や兵器を調達すべし」とする方針を打ち出したため、軍の近代化にともなう兵員削減による失業対策も兼ねて、各部隊が企業経営に積極的に乗り出した。

その結果、各軍区では兵器製造工場の経営から、炭鉱、農牧場、養殖場、飲食店、高級ホテル、クラブ、各種学校、病院、娯楽施設、出版社、貿易会社など、あらゆる企業、施設を運営することによって、巨額の利潤を生み出してきた。

ところが、1990年代半ば頃になると、軍による幅広い経営が民間企業などの経営を圧迫しはじめたため、江沢民時代の1998年になると軍の商業活動を停止し、その代わりに国防の近代化に必要な兵器生産などの経費を大幅に認めるようになった。

しかしながら、一度、企業経営の旨味《うまみ》を知った軍は、簡単にはそれを手放すことはせず、退役軍人の失業対策などを理由に、企業経営に深く携《たずさ》わり続けている。

軍が企業を手放さなかった理由の一つは、2003年に国家主席となった胡錦濤が、軍に基盤がなかったうえに、党の中央軍事委員主席に就任した2004年当時は、中央軍事委員の主要メンバーはいずれも江沢民前主席が抜擢《ばってき》した制服組首脳ばかりであり、胡錦濤の威光が軍に浸透していなかったからである。

つまり、胡錦濤は軍のビジネス活動を厳しく取り締まるどころか、将官など幹部に対する大幅な昇給も繰り返して、政権の求心力を維持せざるをえなかった事情があった。

同じことは、胡錦濤に替わって総書記に就任した習近平にもいえる。軍歴のない習近平にとっても、人民解放軍をコントロールすることはむずかしく、胡錦濤同様、軍の要求を認めざるをえない。そのため積極的に軍を活用するためにも、むしろ軍の要求を認める方向に政治を動かすはずである。

さもないと、胡錦濤のように国家主席と言えども「蚊帳《かや》の外」に置かれる危険がある。むしろ軍の暴走を抑える意味でも懐柔政策をとらざるをえない事情がある。シビリアン・コントロールを失った軍が、いかに危険な存在となるかは幾多の歴史が示しているが、「歴史を鑑《かがみ》」にできないのが現在の中国政府である。

要するに日本のすぐ隣に、日本の自衛隊の10倍以上の軍事力を持つ独裁政権国家が存在し、しかも党のコントロールに服そうとしない軍が、反日意識だけは強烈に持っていることを日本は認識しておかねばならないのである。では、自衛隊の戦力はどのようなものか、以下にみてみよう。

3章　日本の防衛力の実態

(1) 陸上自衛隊の戦力と課題

精強だが、絶対的に数量不足

２０１０年度における陸上自衛隊の定員数は15万４０００人であるが、このうち７０００人は即応予備自衛官としている。ところが、常備の員数は同年で14万２７８人にすぎない。予備自衛官にしても７０００人の募集に対して５７７２人しか集まらず、このため常備と予備を合わせても、実際の兵員数は14万６０５０人となっている。

陸上自衛隊は、海・空と異なり、マンパワーを主体としなければならない部隊であるから、充足数に欠けることは部隊運用に大きな支障を来《きた》すことになる。

陸上自衛隊は、この14万２７８人を基幹とする３つの部隊に分けて運用している。すなわち、①平素地域に配置する部隊として８個師団・６個旅団、②機動運用部隊として中央即応集団と１個機甲師団、③地対空誘導弾部隊として７個高射特科群、などである。

一方、陸自の主要装備は「戦車」と「火砲」であるが、「16大綱」(「平成17年度以降に係る防衛計画の大綱」平成16年〔2004年〕12月に閣議決定)で認められていた戦車の数が600両であったものが「22大綱」(「平成23年度以降に係る防衛計画の大綱」平成22年〔2010年〕12月に閣議決定)では400両に削減され、同様に火砲も600門から400門に削減されている。

防衛予算は、5割が人件費・糧食費、そして設備維持費に充当される結果、装備(武器)の購入費は2割を切る状態が続き、その予算をさらに3自衛隊で分けることになるから、最新装備への更新は、1年に5%ずつしか進まないことになる。

このため、戦車は1974年に配備された「74式」戦車と1990年代に配備が開始された「90式」戦車が大部分を占めており、最新式の「10(ヒトマル)式」戦車の配備は1割にも満たない。「10式」戦車は、「90式」戦車に比べて火力、機動力・防護力、そして軽量化において優れていると言われている。三菱重工業が生産を行ない、2011年から富士教導団などに部隊配備され、2012年から富士学校機甲部科に量産第1号が渡されている。

「10式」戦車の主砲は120mm滑腔砲で、乗員3人で自動装填装置をもち、毎分15発の貫徹力に優れた徹甲弾を発射するが、わが国の戦車としては初めて自衛隊のC4Iシステムを装備していて、情報戦にも対応できる戦車となっている。

陸自の戦闘主力はマンパワーである隊員だけに、日々行なわれる訓練は厳しく、規律も徹底していて、沖縄駐留の米海兵隊の比ではない。数年前のある夏の炎天下に、陸自の部隊と警視庁機動隊が合同の訓練を行なったが、休憩時間になると機動隊の面々が一斉に屋内に飛び込んで冷房機で涼を取っていたのに対し、陸自隊員は屋外の木の下で銃を抱えて静かに寛《くつろ》いだだけであった。

そうであればこそ、東日本大震災のような苛酷な被災地でも、イラクやハイチ、あるいは東ティモールや南スーダンなどの劣悪な自然環境でも、任務をこなすことができるわけである。

一方、「22大綱」では「10式」戦車を13両、火砲を6両、装甲車を13両、戦闘ヘリを1機、輸送ヘリを2機、多用途ヘリを1機更新する予定であるが、新型戦車をすべて揃えたとしても400両であるから、仮にすべての10式戦車を南西諸島に配備すると、本土の陸上防衛は完全に空白状態になってしまう。

また、陸自は海外遠征をする部隊ではないため、水陸両用戦車などは保有しておらず、仮に尖閣諸島など南西地域にある離島を中国軍が占領した場合、沖縄本島などから着上陸作戦を行なって中国軍を排除することは困難である。

一方、陸自の最強にして花形部隊でもある第一空挺団（1st Airborne Brigade）は、千葉県習志野《ならしの》に配置されているが、2007年から、それまでの東部方面隊隷下から、中央即応集団隷下に替わった。その任務は対ゲリラコマンド戦など奇襲攻撃に対応した部隊で、現在隊員は1900人いる。

以上を概観しただけで言えることは、陸上自衛隊の装備も隊員も、質においては世界でもトップクラスの精鋭部隊を維持しているが、隊員の数と装備の質量が大きく不足していることが課題となっている。

南西方面の有事に対応できない兵力配置の偏《かたよ》り

陸上自衛隊は、創設以来、東西冷戦による極東ソ連軍の北海道侵攻に備えるため、最大時には5万人が北海道方面に配置されたが、これは当時の隊員数18万という人数からすると約28%を占めていた。

1991年以降、旧ソ連軍の脅威が低減されたが、2013年現在においても約3万6

000人の陸自隊員が北海道に配置されており、現行15万人の陸自からすると24％が北海道に配置されていることになる。

3万6000人の部隊が配置されるということは、それを支える駐屯地、補給処、演習場などの施設も充実していなければならないが、たとえば、全国に72カ所ある演習場のうち、大規模演習場6カ所と中規模演習場14カ所を対象とした場合、数的には20カ所あるうち5カ所が北海道にあることになる。これを面積比でみると、47・5％を占めている計算になる。

さらに弾薬類を保管している弾薬支処に関しては、14カ所中、7カ所が北海道に集中している。つまり、日本列島の南西方面にある島嶼部は、自衛隊配備の空白地帯となっているのである。しかも島嶼であるから、本土から部隊を機動展開しようとする場合、海上・航空輸送力が不可欠であるが、民間の輸送力を考慮していない「22大綱」の「動的防衛力」では、言葉だけで実際の運用がともなっていない。

一方、中国の脅威が増大し緊張が高まっている南西方面に、陸自部隊は沖縄に1個旅団しか配置されていない。熊本には第8師団があるが、第8師団のある北熊本から第15旅団のある那覇までは800km以上あり、さらに那覇から石垣島や尖閣諸島までは400k m以上ある。つまり本土から尖閣諸島まで1200km以上も離れているが、1個旅団にその防衛が任されていることになる。

これでは、有事の際に部隊や装備類を空輸するにしても2時間以上かかるから、この間に中国機からの攻撃も十分ありうるし、船舶輸送の場合には24時間以上かかり、中国潜水艦からの攻撃も考えられる。しかも、空輸にしても船舶輸送にしても、護衛をするために貴重な海空の戦闘力を割《さ》かねばならず、万一、軍事衝突が1カ月も続くとすれば弾薬や資材がまったく不足することになる。

それゆえ、少なくとも沖縄には1個師団または中央即応集団を配置し、石垣島には1個旅団を配置して駐屯地機能を充実しておく必要がある。ただ、仮に沖縄に陸自の1個師団を駐屯させても、戦車や火砲の訓練を行なう適地がなく、最も近い場所でも大分県にまで戻って来なければならず、長距離射程の訓練となると北海道まで出かけなければならない。

さらに、戦車や火砲のための弾薬を貯蔵しておく施設もないから、抗堪《こうたん》性のある貯蔵施設を新たに建設する必要も出てくる。米軍の場合には、抗堪性の強い巨大な貯蔵施設を建設しているから、長期戦にも耐えることが可能であるし、さらに貨物船に食糧や弾薬を積載して必要地に近い港に集めてあり、いざ有事の場合にはただちに出航できる体制を整えているが、自衛隊にはない。

もちろん、陸自に呼応する形で海上自衛隊の基地も沖縄に設置して、有事に備えてイージス艦などを配備する必要があるし、航空自衛隊も「航空隊」ではなく、規模の大きい「航空団」を配備する必要がある。

要するに、陸上自衛隊の配置は、依然として冷戦時代の配置に固執していて、南西方面の有事に対応するには不十分である。早急に部隊の配置を検討しなおし、有事に備える必要があろう。

「22大綱」にいう「動的防衛力」では、有事に対応できない脆《もろ》さがある。隊員の資質だけが世界トップクラスの精鋭でも、その力を発揮させる装備類が整っていなければ、国家防衛の任に当たる戦力を発揮できないのである。

(2) 海上自衛隊の戦力と課題

日本が守るべき広大な海域

２０１１年10月現在における海上自衛隊の就役艦船の隻数は、１４３隻、総計44万８０００ｔである。内訳は、護衛艦48隻、潜水艦16隻、機雷艦艇29隻、哨戒艦艇６隻、輸送艦艇13隻、補助艦艇31隻である。

だが、この海上勢力で長大なシーレーンと、４５０万平方ｋｍにおよぶ広大な日本の排他的経済水域を守れるかとなると、現実的に不可能である。

２０１２年９月に日本が尖閣諸島を国有化して以来、中国の公船が毎日のように尖閣諸島周辺の日本領海や経済水域を平然と侵しつづけ、さらに中国海洋局の航空機までが尖閣諸島上空を侵犯しつづけている。

中国が尖閣諸島や沖縄の日本領海を頻繁に侵犯するのは、一つは１９９２年に一方的に

「領海法」を設定して尖閣諸島を自国領土に組み込んだことと、海底資源の存在を知って国連海洋法で認めた海底の地殻が陸地と同じ地質の場合は、350海里まで延伸できるとする文言があるからで、中国の国連代表部は2012年12月に、国連の大陸棚限界委員会に延伸を認めるよう提出している。

中国は、沿岸部の大陸棚が沖縄トラフまで延伸しているから、沖縄トラフまでは中国領であると主張するわけであるが、この主張は逆から言えば、中国大陸すべてが日本領土と言えることになる。なぜなら、30万年前の氷河期時代のアジア大陸を想起すれば、北はカムチャツカ半島から千島《ちしま》列島・日本列島を経て、沖縄、台湾、フィリピン諸島を含む地域がすべて地続きの大陸であった。

現在のオホーツク海、日本海、東シナ海、南シナ海は、すべて大陸となっており、10万年ほど前から少しずつ沈降を始めて、現在の海が出来上がったという地質学上の事実がある。したがって、10万年以上前は日本列島も沖縄諸島も、当然ながら大陸と繋がっていたわけであるから、地質的には大陸の地質と同じと見てよいのである。

ということは、中国が沖縄トラフまでを自国の領土と主張するならば、日本は中国全土の領有を主張してもよいことになる。政府や外務省は、氷河時代からの地質を解き明かして、中国大陸が日本領であることを認めさせる交渉をしなければならない。

海洋権益の拡大を図る中国は、2012年11月に総書記に就任した習近平が、南シナ海の資源を獲得するために、外国船舶への規制を強化する法令の整備や新たな機構の開設を進め、実効支配の強化に乗り出している。

日本をはじめ周辺国が警戒するのは、中国が近海防御から外洋支配へと拡張路線を追求しているからで、すでに空母「遼寧」を就航させて、「殲-15」艦載機の発着訓練を成功させたうえに、航空戦力でも新型ステルス機「殲-20」の試験飛行に成功して、パワープロジェクション（兵力投射能力）を高めている。

すでに2011年3月には、東シナ海で警戒監視中の海自の護衛艦に対して、国家海洋局のヘリが3回にわたって近接飛行をし、同年6月には駆逐艦など11隻の艦隊が、沖縄本島と宮古《みやこ》島の間を通過して太平洋に進出し、射撃訓練や艦載ヘリの飛行訓練、そして洋上補給などを実施している。

海自の戦力では劣勢を免《まぬか》れず

こうした中国のあからさまな挑発行動に対して、自衛隊、なかんずく海上自衛隊の戦力は対応できるのであろうか。

護衛艦のうち、弾道ミサイルに対応できるイージス艦は6隻で、いずれも7000tを超えるが、イージスシステムや艦型を含めて米国からのライセンス生産である。イージスシステムを搭載するイージス艦は、「SPY－1レーダー」を備えて目標の捜索・識別・攻撃を迅速に行なうことができる。このレーダーの探知距離は450kmあり、同時に10個以上の目標と交戦が可能である。

またイージスBMD3タイプの艦は、「スタンダード・ミサイル3（SM－3）」を搭載し、成層圏以上の宇宙空間となる高度150kmの目標と交戦することが可能で、訓練では飛翔中の敵弾道ミサイルを撃墜しているが、その精度はいまだ100％とは言えない。

イージス艦は、弾道ミサイルを迎撃するための「SM－3」を装備するが、これは赤外線画像ホーミングで探知して、慣性誘導によって弾道ミサイルを迎撃する。

「SM－3」は重量1・5t、全長6・6m、直径35cmあるが、航空自衛隊が弾道ミサイルの最終段階で迎撃する「PAC－3」の重量300kgと比較すると、5倍の重量を持っている。これは弾道ミサイルが成層圏を飛翔するために、より多くの燃料を必要とするからである。

ちなみに米国のイージス艦は、9000tを超える「タイコンデロガ」級で巡洋艦の大きさであり、27隻が建造されている。また7000tの駆逐艦となる「アーレイ・バーク」級は62隻を建造している。

日本の護衛艦は、「あぶくま」型6隻を除く42隻は、いずれも最大速力が30ノットを誇る高速艦であり、さらにイージス艦6隻を除く36隻のすべてがヘリコプターを搭載していて哨戒機能を高めている。

潜水艦に関しては、日本は原潜を持っていないが、2009年に竣工した「そうりゅう」型は、AIP（Air-Independent Propulsion：非大気依存推進）を保持し、深く潜航したまま長時間航行ができるうえに静粛性が高いため、探知されにくい特徴を持っているが、水中排水量が4200tと通常型潜水艦としては世界最大である。

「そうりゅう」は、舵《かじ》に水中運動性が高く損傷の危険の少ないX舵を採用し、上部構造を含む艦体全体に「吸音タイル」が取り付けられ、セイルの前面と基部にフィレットと呼ばれる流線型の覆いをつけて静粛性を向上させている。さらに潜水中にできるだけ空気を使わないスターリングエンジンを採用しているため、従来は数日間が限度であった低速時の水中持続力を2週間以上に延伸している。

また海自は広大な海域をパトロールする必要上、哨戒機を保有しているが、米国製の「P－3C」84機で哨戒任務を行なっている。「P－3C」は、潜水艦探知用のソノブイ・システム、センサー、レーダー、データ処理用コンピュータを搭載しているが、コンピュータの発展にあわせて、随時アップデートされており、洋上監視能力はきわめて高い。

特に、尖閣諸島をめぐって中国艦船の接近や、複数の中国艦艇が沖縄諸島の間を抜けて太平洋に出て、第二列島線の付近で演習を行なう頻度が増えていることもあって、空からの哨戒は欠かせないものとなっている。

他には、海上での救難機として7機、哨戒用ヘリコプターを88機、掃海と輸送用のヘリコプターとして7機を保有しているが、万一、軍事衝突した場合には、海自の戦力では劣勢は免《まぬか》れない。

侵攻を防ぐ決定的切り札、巡航ミサイル

前述したように、中国海軍は空母や原潜多数を含む950隻の艦船、空軍は作戦機2500機を保有しており、さらに中距離、短距離弾道ミサイルも多数所持している。これに対して48隻しかない海自の護衛艦、400機しかない空自の戦力では、東シナ海の領海や

広大な排他的経済水域を守ることは不可能である。

しかも中国の中央軍事委員会のメンバーたちも、反日意識が強いうえに自国の軍事力に自信を持っているため、尖閣諸島や沖縄諸島への侵攻を真面目に検討しているふしがある。特に共産党政府が、人民の大規模デモや暴動で支え切れなくなると見たときには、人民の目を逸《そ》らすために必ず、尖閣諸島などへ強引な軍事侵攻を始める公算がきわめて高いのである。

万一、中国軍が尖閣諸島などへ侵攻をしてきたとき、軍事紛争の地域がごく一部に限られているとはいえ、領土を侵されれば自衛隊が出てこれを奪い返す必要があるが、尖閣諸島などに敵の戦闘機や軍艦が多数侵攻してくれば、陸・海・空、三自衛隊の戦力をもってしても撃破することは容易ではないし、多大の犠牲も覚悟しなくてはならない。

それゆえ、味方の損害を少なくして敵上陸軍や支援部隊を撃破するには、護衛艦や1000kmほど離れた遠隔の離島に「巡航ミサイル」を設置して、侵攻を防ぐしか現時点では方法がない。

巡航ミサイルは、10mほどの細長いミサイルに主翼や尾翼を付けた形状をし、ジェットエンジンで海面上をマッハ1程度で水平飛行する。典型的なものは、米軍が湾岸戦争やアフガン戦争、そしてイラク戦争で、空軍や陸軍の攻撃に先立って発射した巡航ミサイル・トマホーク（射程3000km）で、敵の枢要部となるレーダー基地や司令部を叩き、勝利を決定的なものにするのに効果を挙げている。

巡航ミサイルはプラットフォーム（発射台）が陸上、海上、航空のいずれからも発射が可能で、通常爆弾の他に核爆弾の搭載も可能であり、価格はいずれも1億円以下である。戦闘機が数十億円、駆逐艦が数百億円から千数百億円もすることからすれば、費用対効果は大きい。

巡航ミサイルは、地形や地表の地図情報と航法コンピュータを、あらかじめ弾体に搭載しておき、地表地形を照合しながら飛翔するが、現在では宇宙からのGPSによって的確に誘導されるようになっている。

日本では、2004年の「16大綱」で、陸上自衛隊が島嶼防衛に射程300kmの巡航ミサイルの研究開発を要求したが、公明党が「専守防衛に反する」、「周辺国を刺激する」などの理由で反対し、見送られた経緯があった。さらに2009年に予定されていた現「22大綱」に、自民党は巡航ミサイルの研究開発を要求したが、政権交代で民主党政権に移行したことで、この要求も見送られてしまった。

ただ、問題は、巡航ミサイル攻撃によって、自国軍隊が壊滅的損害を被《こうむ》ったとき、中国は核弾道ミサイルの使用を躊躇しない危険がある点である。

中国は核兵器を持たない国に対しては核兵器を使用しないと宣言してはいるものの、自国軍隊が未曾有《みぞう》の敗北を喫した場合には、報復措置として核兵器を使用することに躊躇しないであろう。中国という国は、自国に都合の悪い場合は、国際法はもとより国際ルールや常識さえ、平然と破るからである。

とはいえ、核兵器は究極の兵器であるから、まずは通常兵器で地域（海域）を限定した衝突が起こるものと見なければならないが、日本は巡航ミサイルの開発と同時に、核兵器の使用に対する対応策も真剣に考えておかねばならないのである。

(3) 航空自衛隊の戦力と課題

予算不足から、近代装備の交換に20年

2012年度の航空自衛隊の戦力は、383機。内訳は戦闘機337機、偵察機29機と早期警戒管制機17機の計46機である。しかしながら、337機ある戦闘機の構成は、「F-15」が201機、「F-2A」が80機、「F-4EJ」が56機である。

ただ、こうした戦力に加えて、2012年末に政権を奪還した自民党安倍政権は、尖閣諸島周辺での監視と情報収集が不可欠として、米国から無人偵察機「グローバルホーク」数機の購入を決定した。このことは、レーダーや有人機による警戒監視の「穴」を埋めることが期待でき、中国軍による軍事攻撃を事前察知する方策が強化されたわけで、これは高く評価できよう。

問題は主力となる戦闘機である。当然ながら航空自衛隊が持つ戦闘機の中では、「F-

15」戦闘機の性能が最も優れているが、それにしても使用を始めてから15年以上を経過し、新規の戦闘機と比べて性能が劣っている。

このため、日本は米国の最新鋭戦闘機「F-22」を希望したが、米国は超ハイテク機器で武装された同機の売却を、機密保持の立場から認めなかった。日本はやむをえず、「F-22」よりワンランク下げた「F-35」の導入を決めたが、米国では開発が遅々として進んでいない。

米国はさすがに中国の脅威を感じているために、4年後となる2017年に山口県岩国《いわくに》にある米軍基地に「F-35」を配備すると声明を発表したが、日本が受領できるのは2019年以降である。しかもその開発コストはうなぎ登りに上昇を続けており、当初150億円ほどであったものが、すでに191億円となっている。そのため予定している42機が確実に購入できるかも不明である。

やむをえず、防衛省は現在使用中の「F-15」戦闘機を退役させずに、改修をしつつ「F-35」が来るまで凌《しの》ぐことにしているが、戦闘機の世界で導入するまでに7年も経過していたら、受領した時点ですでに性能は古くなっている公算が高い。

近代兵器は、ほぼ10年で新しい装備が更新されるが、予算の関係で新兵器を一時にすべてを交換することはできず、順次、古い装備を退役させていくことになる。だが、陸上や海上の兵器は、就役から10年間は新兵器として使用できるが、戦闘機は日進月歩の勢いで新たな技術が開発されるため、1年単位で次々とハイテクを取り入れた戦闘機が開発される結果、価格は異常に高騰することになる。

ただ、日本の場合は防衛予算に限りがあるため、これまで旧式戦闘機を改修に次ぐ改修で常備数を整えてきた。

このため、装備のすべてを更新するのに20年を要することになるが、それは装備の半分が二世代前の兵器で占められていることを意味するのである。近代戦において二世代も前の兵器では、およそ戦力とはならない。特に情報通信分野における急速な技術革新のために、すでに「F-15」戦闘機は、時代遅れとなりつつあると言ってよいであろう。

「ザ・エコノミスト(The Economist,"Defense Spending in austerity")」が、10年以上も前に戦闘機価格の統計上の予測を論評したことがあるが、それによると戦闘機の単価は指数関数的に上昇していることが分かる。

すなわち、同誌では、戦闘機が開発されはじめた1920年代から2010年を経て、2050年代までの単価を表で示しているが、1920年代に200万円で製造された

「P-6ホーク」戦闘機の価格は、1950年代末のスーパーセイバージェット戦闘機では8000万円となり、1952年の「B-52」爆撃機は2億円（50年後の価格は88億円）、1976年の「F-15イーグル」は一挙に36億円、1978年の「F-16ファルコン」は12億円、1990年代の「F-18ホーネット」は45億円、2010年の「F-35ライトニング」は150億円（日本が導入する2017年には191億円）となっている。

この中で、「F-15（マクダネル・ダグラス社製→現ボーイング社）」だけが同年代の中では異常に高いが、これは長射程の空対空ミサイルと高性能ドップラー・レーダーを持つうえに、マッハ2・5を出す性能を誇り、後継機の「F-22」が登場するまでは、世界最強の戦闘機であったからで、この機は米空軍に27年間君臨した機体であった。

「F-15」は高額なうえに、空戦能力にも優れていたため、輸出先も、日本、イスラエル、サウジアラビアの三カ国に限られ、三カ国へは合計356機が輸出され、米国内においても877機しか調達されず、総計では1233機で利用が終わった。

日本では、依然として「F-15」を主力戦闘機として使い続けているが、すでに米国空軍で配備されてから36年も経過しており、日本では三世代にわたって主力戦闘機の座を占めていることになる。

異常な高騰を続ける戦闘機の単価

戦闘機の場合は、警戒・監視・探知・隠密性・照準・空戦能力・速度等々、攻撃力や防御力に付随する瞬発力と装備携帯能力など、あらゆる能力が求められるため、常に最先端のハイテクノロジーが利用されることになり、勢い、1機あたりのコストはきわめて高くならざるをえない。

〔表―8〕を見ても明らかなように、たった1機の「B‐2」爆撃機の価格が、イージス艦や通常型空母よりも高いのである。いかに空の兵器が高額となるかが分かる。

戦闘機価格の高騰化が異常な速度で進むことを受けて、元ロッキード・マーチン社のCEOであったノーマン・R・オーガスチン（Norman R. Augustine）が、冗談として唱えた「オーガスチンの第16法則」が当て嵌《は》まる事態を招来する懸念も出てくる。

この法則によれば、現在のままの状態で指数関数的に計算すると、2054年には1機の最新戦闘機を納入するだけで、全国防費を超えてしまう計算になるという。

同じことは日本でも起こりつつあり、各兵器の単価が高騰しているために、必要数を調達することが困難になっている。したがって、日本が10年後も現在と同じ防衛費のままでいれば、戦車でさえ400両を維持することは困難で、半分の200両しか保有できなく

〔表—8〕2000年初頭における米軍の主要装備の価格

空　軍	価格(億円)	海　軍	価格(億円)	陸　軍	価格(円)
B-2 爆撃機	1560	イージス艦	1220	M1戦車	5億
B-52 爆撃機	88	原子力潜水艦	2520	装甲戦闘車	7800万
F-15 戦闘機	57	強襲揚陸艦	276	兵員輸送車	3億
F-18 戦闘機	68	通常型空母	318	マシンガン	10万
F-16 戦闘機	24	原子力空母	5兆4000	ライフル銃	7万
E2C 早期警戒機	61	巡航ミサイル	7200	攻撃ヘリ	18億

「戦争のお値段」文林堂より作成

なる可能性も否定できない。200両の戦車では、もはや8個師団、6個旅団の維持は不可能となるであろう。

戦闘機にいたっては400機はおろか、50機を揃えるのが精いっぱいの状況に陥りかねない。しかしながら、戦闘機は高い外国産を買わなくても、国産でも十分に高性能の戦闘機を作ることができるのである。1980年代に新型戦闘機として防衛庁（当時）から三菱にFSXの仕様書が提出されたことがあったが、三菱の技術陣はきわめて優れた性能の戦闘機を設計していた。

ところが、米国はこの設計図を見て「新型ゼロ戦」だとして恐れを抱き、日本の国産機の夢を断ってしまい、結局、米国の「F－16」戦闘機を日米共同で開発することを余儀なくされてしまった。それが現在の「F－2」支援戦闘機だが、1機の価格は140億円となり、しかも米国は1機として購入しなかった経緯がある。

一方、米国やロシアの場合は、軍事面での世界覇権を競うために、陸・海・空ともに膨大な開発費を投入して最新型を創り出すが、中国は、ロシアの開発した最新兵器を、防衛費とは別の予算で大量に購入し、さらにライセンス生産と若干の手を加えて名称を変え、新型機として次々と登場させることになる。

日本が1機の航空機を10年かけて開発している間に、中国は10年に10機以上の割合で開発に力を入れているのであるから、日本の「F－15」はいずれ中国のステルス戦闘機に太刀打ちできなくなるであろう。

何が国産の戦闘機開発を阻《はば》むのか

日本は戦後10年間、米国から航空機生産を禁止されたために、禁止が解かれた後も航空機製造に参入することができなかった。すでにジェット機の時代に入っていたからである。

三菱重工業やホンダ、あるいはトヨタなどがビジネスジェット機を製造しはじめたのは、防衛庁（当時）が購入した米国製戦闘機をライセンス生産することによって、ジェット機技術を習得していったからである。

ところが、１９８０年代に入ると、日本企業は炭素繊維などの新技術を開発し、１９９０年代には米ボーイング社が社運をかけた中型機「Ｂ７８７」の機体や、欧州エアバス社の「Ａ３８０」の骨格部分を引き受けるまでに技術を蓄積するようになった。たとえば「Ｂ７８７」機は、三菱重工が主翼ボックス、川崎重工がセクション43、富士重工がセクション11を引き受けている。

三菱航空機が開発した客席数が１００席弱のＭＲＪは、２０１2年9月現在、全日空や米国スカイウエスト社からの受注が２３０機となっているが、採算ラインは４００機と言われる。ただ小型機は世界で今後20年間で５０００機の需要が見込まれているから、少なくとも３０００機ほどは販売したいところである。

ただ、個人用ビジネスジェット機にせよ、ＭＲＪなどのリージョナルジェット機にせよ、航空機の心臓部分であるジェットエンジンは、いずれも米国のＰ＆Ｗ社製や英国のロールス・ロイス社製を使用しているから、利潤の面においても、欧米の旅客機製造企業に比べて不利である。

ただし航空機産業は、最先端技術を使用するため、他の産業への技術波及効果はきわめて大きく、経済効果以上の利得がある。

〔表―9〕を見ても明らかなように、航空機産業の生産量は、自動車産業に比較すれば3・4%でしかないが、技術波及効果は302%もあることが分かる。

現在、世界の主流となっているのは、大型旅客機では500人乗りのボーイング社ジャンボ機や、800人乗りエアバス社の「A380」であり、中型機は300人乗りボーイング社の「787」機やエアバス社の「A330」である。

そして今後10年間で、大型機は4000機、中型機は1万8000機が必要と言われているので、利益を挙げようとするならば、新たな中型機を開発するほうが理《り》に適《かな》っている。

ともあれ、米国は日本が経済成長を始めると同時に、日本の先端技術に目を光らせはじめたが、その時期は1964年頃であった。

ペンタゴンが目を付けていた日本の技術は、複合素材技術、ステルス技術、そして電子技術などであったが、航空機に関しては旅客機にしても戦闘機にしても、戦後から一貫し

〔表—9〕航空機産業の経済波及効果

	当該産業の生産高	技術波及効果	産業波及効果	波及効果合計
航空機産業（A）	11兆円	103兆円	12兆円	115兆円
自動車産業（B）	320兆円	34兆円	872兆円	906兆円
自動車産業との比較（A/B）	3.4％	302％	1.4％	12.7％

防衛省ホームページより作成

てすべて米国機を購入している日本であるから、防衛庁でＦＳＸの問題が出ても、必ず米国製戦闘機を購入するものと安心していた。

ところが、「Ｆ４」戦闘機のライセンス生産や「Ｆ‐１」戦闘機の製造で技術力を高めていた三菱重工業は、すでに米国戦闘機を上回る高性能機の製造に自信を持っていたのである。そうした時期の１９７８年、防衛庁は次期国産戦闘機を睨《にら》んだ開発を検討していた。米国ではすでに2年前の１９７６年に、世界最強と言われる「Ｆ‐15」イーグル戦闘機を運用しはじめていた時期である。

防衛庁が民間企業に提示した新戦闘機の要目は、運動能力向上機（ＣＣＶ）研究、火器管制装置、戦闘機搭載用コンピュータの搭載、コンピュータによる航空機設計システム、５ｔ級の戦闘機用エンジンの開発などであるが、三菱は「Ｆ‐１」の退役時期見直しとともに、その成果を生かした新戦闘機の開発目《め》処《ど》が立っていた。

国産機にしても外国機にしても、防衛庁が調達しようとしていたのは１４０機程度であったが、国産機推進派にとってはエンジンの国産化も可能と考えており、機体ももちろん、すべて国産でできるとする自信はあった。

だが前述したように、ペンタゴンは日本の戦闘機製造技術に脅威を感じ、１９８７年6月、来日したワインバーガー国防長官と栗原祐幸《くりはらゆうこう》防衛庁長官（当時）との会談で、米国側から「米国の戦闘機を日米共同で開発することが望ましい」と要求され、国産の構想は完全に断たれた。

ともあれ日本は、「22大綱」の策定段階で、「F‐15」戦闘機の後継機として米国製「F‐22」の購入を希望したが、最新のハイテク機であるからとして断わられ、「F‐22」より性能が一段劣る「F‐35」の売却しか認められなかった。しかも、１機１９１億円という高額である。

防衛省は「F‐35」を42機購入予定であるが、総額は８０００億円を超える。しかも前述のように、納入時期は大幅に遅れている。

現在の戦闘機や爆撃機の花形となっている「ステルス装置」は、もともと日本のメーカーが開発したものであり、それをペンタゴンが獲得して米軍需産業に供与した技術である。その結果、米国はステルス戦闘機やステルス爆撃機を開発できたわけだが、そのことから言えば、米国は「F‐22」戦闘機を日本にだけは売却する義務や恩義を感じてもよいはずである。

ところが、間《ま》が抜けたことに米国は、このステルス技術を中国人スパイに簡単に窃取されてしまい、その結果、中国でもステルス機を製造できるようになってしまった。

それゆえ軍事技術に限らず民需技術も、日本から米国にハイテクを供与する場合は、十分に対策を立てたうえでなければ譲渡してはならない。理由は、米国の政府機関や民間企業などには必ず中国系米人が勤務しているからである。前述したように、中国人は米国人となっても、世代が何代になっても、母国中国への忠誠心を忘れていないのである。

ともあれ、日本メーカーは、「F‐22」と同等か、それ以上の性能を持つ戦闘機を製造できるうえに、価格も1機150億円以下に抑えることが可能なのである。

4章　先細る日本の防衛力

(1) 緊縮防衛予算と安全保障

隙間《すきま》だらけの防衛体制

２０１２年12月13日、北朝鮮が新型弾道ミサイルを発射した翌日、日本の領土である尖閣諸島の上空を中国海洋局の小型航空機が飛来し、初めて領空侵犯を行なった。たまたま海上を警戒中の海上保安庁巡視船が、侵犯機を発見し自衛隊に連絡したため、沖縄から航空自衛隊の「F-15」戦闘機がスクランブル（緊急発進）を行なって現地に急行したが、すでに中国機は退散した後だった。

日本の空を守るために航空自衛隊は、北海道から沖縄までの28カ所にレーダーサイトを配備して警戒に当たっている。このうち、北海道には5カ所、青森、秋田、岩手の3県に3カ所設置してロシア機の侵犯を警戒しているが、沖縄は沖永良部《おきのえらぶ》島、久米《くめ》島、宮古島の3カ所にレーダーサイトを設置している。

しかしながら、レーダーサイトから発するレーダーは電磁波で、直線として進む性質があるから、遠方になればなるほど、そして相手が低空で侵入してくればくるほど、探知はむずかしくなる。

このため尖閣諸島に近い宮古島にレーダーサイトを設置しても、尖閣諸島のはるか上空を飛翔する物体ならば探知できても、低空で侵入してくる小型機や巡航ミサイルなどの小物体は捕捉しがたい。ところが、通常のレーダーに替えて、米軍が保有する移動式のXバンドレーダーならば、1000km先のミサイルでも探知できる性能を持っている。

このXバンドレーダーは、2006年に青森県つがる市の航空自衛隊車力分屯基地に配備されているが、これは北朝鮮北東部の舞水端里《ムスダンリ》から発射されるノドンやムスダンなどの、弾道ミサイルを探知するために設置されたもので、北朝鮮の西北に位置する東倉里《トンチャンリ》までは届かない。実は、2012年8月の日米防衛当局の会談では、Xバンドレーダーを沖縄県内に配備する案が出たが、沖縄の負担が大きいとして見送られていた。

だが、中国機侵犯の事案を受けて、自民党政府は九州に追加配備することを決定しているので、そうなれば、中国の領空侵犯機はもとより、中朝国境付近の中国軍事基地に配備して、日本を照準している弾道ミサイル「東風-21」や、北朝鮮の東倉里から発射される弾道ミサイルの動きも探知することが可能となる。

結論から言えば、中国や北朝鮮、そしてロシアなどの軍事行動や偵察活動が活発化している2013年現在、前章でも指摘したように、陸海空3自衛隊基地の配備には隙間が多く存在する。周知のように、日本列島は南北に縦長の細長い列島であるが、この列島の真ん中には高い山脈があって東西間の連絡を困難にしている。

そのうえ、日本海側は冬季の気候が厳しいために、人口の多くが太平洋側に集まって大都市を形成する結果となっており、このため、国民の生命と安全を守る立場の自衛隊とすれば、3自衛隊ともに太平洋側に集まらざるをえなくなっている。

ところが、日本列島の中央に高い山脈があるために、太平洋側に駐屯地を設置すると、日本海側で有事が発生した場合、戦車をはじめとする機甲部隊や歩兵部隊は即応できない。同じことは海上自衛隊にも言えることである。

陸上自衛隊の師団配備は、主に人口の多い大都市圏に集中しており、それはそれで重要なことであるが、日本海側の県に陸上自衛隊の駐屯地がないことは、列島防衛のうえからは、大きな弱点を抱えることになるから、少なくとも日本海側の各県と海峡を抱える函《はこ》館《だて》、下関《しものせき》、大隅《おおすみ》半島には中隊規模の駐屯地を設置し、戦車小隊程度は置く必要があろう。

次に海上自衛隊の総監部も全国5カ所にあるが、日本海側は京都府の舞鶴《まいづる》だけである。少なくとも新潟、島根、北九州の3カ所にも護衛艦の配備は必要であるし、太平洋側も宮崎、名古屋方面に総監部を配置して、護衛艦3隻からなる護衛隊を配備し、太平洋のシーレーン防衛に当たる必要がある。

最後に航空自衛隊は、東シナ海でのリスクが急速に高まっている今日、那覇に南西航空混成団があるだけでは中国の脅威に対応できない。少なくとも那覇に1個航空団と、宮古島に航空隊を配備することは不可欠である。

尖閣諸島の領空を侵した中国機に対して、沖縄から急発進した空自の「F‐15」戦闘機は、マッハ2・5で急行したが、所用時間は20分であった。だが、中国機が尖閣諸島周辺を飛び回ったのは5分ほどであったため、F‐15が到着したときには、中国機はすでに飛び去った後であった。

「大綱《たいこう》」に示された「動的防衛力」とは何か

２０１０年に「22大綱」が決定され、今後の防衛力に関しては「防衛力の運用」に焦点を当て、与えられた防衛力を効果的に発揮するために、即応性、機動性、柔軟性、持続性と多目的性を備え、高度な軍事技術力と情報能力に支えられた「動的防衛力」を構築することとしている。

この「動的防衛力」を発揮するために、厳しい財政事情を踏まえて、自衛隊全体にわたる装備・人員・編制・配置などを抜本的に見直し、思い切った効率化と合理化を行なったうえで、真に必要な機能に資源を選択的に集中する「選択と集中」を行なうという。

さらに、防衛力の構造的な改革を図るために、人事制度の見直しや人件費の抑制と効率化とともに、若年化による精強性の向上を推進し、人件費が高く活動経費を圧迫している防衛予算の構造に対して、根本から改善を図るとしている。

従来の「基盤的防衛力」が装備の保有と部隊の存在を抑止力としていたのに対して、「動的防衛力」は多様な事態への対処能力を生かすために、警戒監視と機動力を生かして抑止力としようとするものである。

「22大綱」が示す内容というのは、予算削減のために従来の防衛体制を縮小せざるをえないことから、選択と集中によって人件費も含めて効率化・合理化を図ると言葉を換えて説明しているだけである。

なぜなら、従来の自衛隊が強く求めてきた「機動力、持続力、情報収集力」が、予算がないために達成されてこなかったにもかかわらず、これらを重視すると言っても、ますます削減される防衛予算の中では、実現はむずかしいからだ。要するに、予算削減・戦力縮小の現実から逃げるために「美辞麗句」を羅列して、問題を先送りしているとしか思えない。

真に厳しさを増す安全保障環境と認識するならば、大幅な予算をつけたうえでなければ「選択と集中」などは無理である。従来の防衛力でさえ不十分であるにもかかわらず、そのうえさらに合理化をしていたら戦力はますます削《そ》がれて、機動性も精強性も失われるであろう。

「22大綱」では、こうした美辞麗句を並べて「動的防衛力」などと新語を創っているが、実を言えば、自衛隊はバブル経済が崩壊した直後の1990年代初頭から、防衛費が削減されつづけてきたため、20年以上も前から「動的防衛力」を実施してきているのである。

真に「動的防衛力」を発揮させるために必要なことは、情報収集衛星や監視衛星を整備したうえで、南西諸島のいくつかに中隊レベルを駐屯させたり、装備・弾薬・食糧などを事前集積し、有事の際には隊員や装備を民間機関が協力して輸送する体制を築くことであろう。

さらに、防衛力の中で、「部隊編制や精強性そして持続性」を求めているが、自衛官や予備自衛官の定数充足率が、常に不足の状態となっていることを解決しなければ、動的も選択も集中も、機能しないのである。

少子高齢化社会となって若者人口が減少する中で、豊かな社会で育った若者が3Kと言われる自衛隊に入隊してくるのは、年々厳しくなっている。国家と国民の生命と財産を守る「防人《さきもり》」がいなければ、動的防衛力など絵に描いた餅《もち》とならざるをえない。

東日本大震災で大活躍した自衛官は、国民の90％以上から大いに評価されたが、この評価は翌年の自衛官募集には繋がらず、相変わらず定足数に足りていない。

隊員が揃わない現実こそ真っ先に解決すべき問題であるが、冷戦終結以降の防衛大臣も防衛官僚も、そして民間からなる防衛問題懇談会なども、自衛隊を積極的に志願する若い「防人」の処遇や退役後の再就職問題に目を瞑《つむ》ってきた。

そして何よりも核弾道ミサイルと、10倍以上の通常戦力を備えた中国と、万一、軍事衝突が起きた場合、自衛隊は勝てるであろうか。まず、無理ではなかろうか。

もっとも2012年12月末に誕生した安倍自民党内閣の小野寺防衛大臣は、民主党が決定した「22大綱」、特に「動的防衛力」を不適当として、2013年から見直しすると明言しているから、もう少しまともな防衛力が構築される可能性もある。当然ながら、集団的自衛権や武器輸出三原則の見直しなどが進むことも期待できよう。

(2) 真価が問われる日米同盟

外国に依存した国防の限界

日本は戦後、米国との間に安全保障条約を締結し、日本国憲法では禁じられている外国軍との交戦を米国に任せてきている。だが日本のように、自国の防衛を外国に依存している国家や、軍隊を持たない国家は、国際社会に195カ国もある中で、バチカン市国や超ミニ国家など5カ国ほどしかない。

しかも、こうしたミニ国家の場合には、周辺に脅《おど》しをかけたり侵略を試みたりする危険な国家は存在していない。むしろミニ国家の周辺は、歴史・宗教・言語、そして文化的にも共通した国家で占められているうえに、その国自体に資源もエネルギーもなく、侵略する価値がないからである。

これに対して、日本は資源・エネルギーに欠けてはいても、豊かな歴史的財産に加えて、持てる技術力と勤勉さを生かして各種産業を発展させ、高度な社会インフラを持ち、世界でも有数の高い付加価値と、莫大な国家的財産、そして1500兆円にもおよぶ個人貯蓄を持つ経済大国となっている。

ただ20世紀に入って、アジア市場を狙う米国と衝突した日本は、国家総力戦で未曾有の敗北を喫したため、軍事力を取り上げられ、日本の再起を恐れた米国との間に「日米安保条約」を締結させられ、米軍が日本各地に駐留する状態となった。

米国は日本の主要部に軍隊を駐留させる一方で、日本外交と経済、そして技術を巧《たく》みにコントロールしつつ、日本列島を不沈空母として米国の国際政治上の重要な拠点としてきた。

1950年に朝鮮戦争が勃発し、兵力の不足を案じた米国は日本に自衛隊を保有させたが、日本の戦闘能力を恐れていたために、通常軍隊としての機能を持たせなかった。

このため、日本の国家形態は異常となっている。通常、国家の機能は「政治・経済・軍事」の三本柱が揃ってこそ発揮できるものであるが、日本の場合には軍事力がないためにイビツな構造を余儀なくされている。

国家はしばしば「船」にたとえられるが、通常の国家の船体は目に見える部分が「外交」、海中に隠れて見えない部分が「軍事」である。この船体の上に政治、経済、科学、教育、文化などが載って大海を航海していると言ってよいであろう。

ところが日本の場合の船体は、すべて「外交」だけで成り立っており、その上に政治や経済などが載って航海をしている。そして軍隊であるべき自衛隊は、船体から遠く離れた後方にロープで繋がれて航海をしていることになる。

行く手に他国との「嵐（トラブル）」が発生すると、通常の国家はまず外交で処理するが、それでも無理な「大嵐」の場合は、軍事力を前面に出して処理を行なう。

これに対して日本は、行く手に嵐（トラブル）が発生すると、近くの港に避難をし、嵐が過ぎ去るまで待機することになる。それでもどうしても先に進む必要がある場合は、日米同盟により米国に前方を進んでもらい、日本はその後を恐る恐るついていくことになっている。自衛隊は、はるか後方にいるうえに、戦闘力を発揮させないよう憲法や自衛隊法でキツク縛られているために外交を支えることができない。

もっとも日米共同訓練や演習では、自衛隊は後方から出てくるが、演習が終われば再び後方へ戻らなければならない。こうした自衛隊の事情をよく知る周辺国は、安心してさまざまな国際法違反行為を堂々としかけてくる。領空侵犯、領海侵犯などをしかけても、決して軍事力で排除されることがないと高《たか》を括《くく》っているから、やりたい放題である。

ロシアは北方領土を奪ったままだし、韓国は竹島を奪取して外交交渉にさえ応じようとしない。北朝鮮は善良な日本人を大量に拉致《らち》するし、中国にいたっては日本の領土を強盗行為で奪おうとしている。では、同盟国の米国は、こうした領土や領有権の侵害に対して、日本人の生命と財産を守ってくれるのかといえば、安保条約に規定がないとして軍事力を行使する意思はない。

それでも米国は、さすがに中国の露骨な行為に危険を感じたものか、中国が尖閣諸島を軍事力で奪おうとした場合には、第7艦隊を出動させると議会で決めたが、その場合でも中国が核兵器を使用すると言えば、米国は核戦争をしてまで尖閣諸島を守る意思はない。

つまり国家の防衛、なかんずく国民の生命と安全を外国に依存していては、真の危機に対しては役に立たないのである。もちろん、国際連合も国際世論も侵略軍の前には無力である。まして侵略国が核兵器を持つ常任理事国の中国では、国連といえども弱々しい対中非難ぐらいしかできないのが現実であろう。

しかし前述したように。憲法改正もさることながら、日米同盟を強固にするためには、日露戦争後、米国が日本を仮想敵国とするようになり、1907年の大白艦隊（グレイト・ホワイト・フリート）の日本派遣以来、東京裁判にいたるまでに行なった数々の対日謀略を認め、これを公開することが絶対必要条件であろう。日米相克の四十数年間は、間違いなく米国の白人優越主義に基づく人種差別から発したものであり、そのために、米国は中国を利用し、中国も米国を利用してきたからである。

アメリカは、どこまで本気で尖閣を守るのか

とはいえ、現実問題として中国の脅威は迫っているのである。日本は、中国などの脅威に対して、よりいっそう「日米同盟」を強化し深化させることによって安全保障を確保しようとしているが、通常兵器の能力と数量が中国軍の10分の1となっている現状では、万一の場合に米軍が支援に来る前に中国軍に占領されてしまいかねない。

傲岸不遜かつ一方的な強盗行為をしかけている中国に対して、巨大メディアや有識者の一部は、日本は冷静に対応して根気よく話し合いを行ない、中国をあからさまに敵視したり阻害することはしてはならないと主張をする。

だが、こうした考えは、中国の実態がまったく分かっていない人の言である。独裁政権の中国は、人民や軍の不満がコントロールできなくなると、必ず、日本に軍事侵攻をしかけて人民の目を政権批判から逸《そ》らす政策をとることは間違いないのである。そうであればこそ、数十年も前から徹底した反日歴史教育と、反日政策をとってきたわけである。

筋金入りの反日意識を植えつけられた中国人と、冷静な話し合いなど成立するはずがないし、話し合いが成立するのは、中国側から次々と出してくるすべての要求を日本が呑《の》んだときぐらいである。

いわば、ならず者国家を交渉相手としなければならない場合は、普段よりもいっそう軍事力を整えておかなければ、話し合いなど成立しないことは、過去の歴史がいくつも証明している。

ところが、日本は自衛隊のみならず、自衛隊の装備を支えてきた防衛産業界さえ見捨てようとして、何ら手も打とうとしていない。このため防衛産業は利益が見込めずとして撤退する企業が増えており、動的防衛力を発揮すべき「防人《さきもり》」のパワーが機能しなくなっている。

衰退する防衛産業、蓄積されない技術

１９９０年代の冷戦終結と同時に、日本経済はバブルが崩壊し国家財政が困窮しはじめ

たが、それにともなって「防衛費」も着実に削減されるところとなり、その影響をまともに受けたのが、自衛隊と防衛産業界である。

加えて武器輸出三原則によって、防衛産業界は兵器を輸出することができず、自衛隊だけにしか納入できないために大きな赤字を出し続けた結果、2000年以降の防衛産業は斜陽産業となり、2013年現在では完全に窮地に立たされている。

日本の防衛産業は、欧米と異なって兵器だけを専門に生産する軍需産業ではなく、民需製品を生産する大手企業が、その余力の中で武器を生産しているから、主力となる一般民生品分野で赤字が続けば、防衛部門からは撤退せざるをえない。

筆者が属する「(財)ディフェンス リサーチ センター」が2004年から2年かけて、日米欧の軍需産業界が挙げる利益率を調査したことがある。それによると、世界の軍需産業界の利益率は7・0%以上を維持しなければ赤字経営となることが分かったが、米軍需産業界は平均して14%以上の利益を挙げており、中には40%もの巨利を得ている軍需産業もあった。

ちなみに米国以外の軍需産業界の利益率は、英国12・0%、フランス9・2%、ドイツ8・0%、イタリア7・0%、日本は4・2%となっているから、日本の防衛産業は完全に赤字経営であることが分かる。

事実、日本の産業界全体が2010年に挙げた収益は250兆円以上であるが、防衛産業界全体では20兆円でしかなく、これは8%という少なさであった。

日本が「武器輸出禁止」で他国に武器を売らないならば、同時に「武器輸入禁止」もしなければならないが、自国だけは武器を輸入して利用している一方で、他国には日本の武器を売らないという考えは、「一国平和主義」であり、ダブルスタンダード（二重基準）といわれても仕方がない。

これでは、国際社会から嘲笑《ちょうしょう》されることになる。特に、日本がお得意様となっている米国軍需産業界から見れば、日本は笑いものであろうし、他の武器輸出国にしても、日本が武器輸出をしないから武器市場が荒らされないと大喜びである。

武器輸出を禁止するならば武器輸入も禁止して、自衛隊だけに売る武器を国内で生産すれば、高い外国製品を買わずに済むし、防衛産業界も技術を蓄積できる。戦闘機にしてもイージス艦にしても、日本は独自に製造する技術を十分に持っている。にもかかわらず、愚かな政策を打ち出したものである。

武器輸出禁止を打ち出したのは、平和を愛する日本人が武器輸出を禁止することで、世界から軍事紛争をなくすことができると考えたわけであるが、日本以外のすべての国は、逆に紛争を止める手段として武器輸出が必要という認識に立っている。したがって、日本一国だけが武器輸出を禁止しても、まったく効果がないことになる。

米国の場合には日本が同盟関係にあることの他に、共同演習などで同じ兵器を使用するほうが都合がよいから、少々高くても米国製兵器を購入せざるをえないと計算している。日本はそうした事情をよく知る米政府に、兵器コストを吊り上げられたり、部品供給を引き延ばされたりと、急所を押さえられてしまっている。

「武器輸出禁止」が引き起こす悲喜劇

前述した「F-35」は1機が191億円にもなるが、150億円も出せば、さらに一段上位機種の「F-22」より優れた戦闘機を造る能力を、日本のメーカーは持っているのである。

ところが、日本政府は、戦闘機に不可欠な短射程の空対空ミサイルすら装備できない未完成型の「F-35」の購入を決定しただけでなく、日本の防衛産業界がどれだけ生産に参加できるかも不透明なまま、組み立て工場の設備費だけは、1168億円を計上するなどしていが、会計検査院は国益というモノサシがまったく分かっていないようである。

一方で、中国の脅威に怯《おび》える南シナ海周辺諸国は、中国海空軍に対抗するために、駆逐艦や潜水艦、そして戦闘機などを必要としているが、欧米やロシア製兵器では体形に合わず、同じ体形をした優秀な日本製を欲しがっている。

しかも戦車、戦闘機、軍艦は高額なため、経済的に弱い東南アジア諸国では最新鋭の兵器を購入することは不可能である。そこで彼らは、たとえ中古品でもいいから、体形に合い価格も安い兵器を入手することを希望することになる。

日本の場合は、兵器の耐用年数、たとえば潜水艦などは25年を経過すると廃艦にしているが、専門家によれば、日本製潜水艦は50年間は使用可能とのことである。それならば、予算がなくて中古潜水艦を欲しがる東南アジア諸国に売却してあげればよいのである。

売却することによって、部品産業は生き残ることが可能となるが、戦車を造るには１３００社、戦闘機を造るには１６００社、護衛艦は建造するのに３０００社もの部品会社が必要であるから、たとえ中古の武器でも、輸出ができれば部品会社はかろうじて生き残ることが可能となる。

しかし、現行の武器輸出三原則のために、すでに防衛産業から撤退する部品会社が戦闘車両関係で35社、艦艇関係で26社、戦闘機関係でも21社に達している。

親日国家のインドネシアは、以前から日本の退役潜水艦を求めていたが、日本が売却拒否を続けたため、2012年3月に韓国から潜水艦3隻を購入し、それまでインドネシア海軍内にあった日本語研修クラスを廃して、韓国語のクラスに変更してしまった。

一方、中国海軍の脅威にさらされているベトナムも日本が売却しないため、結局ロシアからキロ級潜水艦6隻の購入契約をし、2016年までに全艦の引き渡しを受けることになっている(「産経新聞」2012年8月31日付)。

ともあれ、防衛産業をなくしてはならない理由は、彼らが持つ最先端の技術は、宇宙・航空・海洋・原子力等々、多くの先端産業に利用できるからである。

しかし、それでも平和こそが理想で、人命を一切損傷するような兵器の生産や輸出をしてはならない、たとえ日本が中国などに占領されても、血を流すよりはよいとするならば、防衛産業の技術が利用できる宇宙、航空、海洋などの分野で、巨大プロジェクトを立ち上げる必要がある。

立ち遅れたサイバー戦への対処

防衛費が削減される中で、米国などから近代化された効率よい装備を購入したとしても、今度は、その機能を発揮することができない事態も起きてきている。それが中国や北朝鮮などによるサイバー攻撃である。

２０１１年７月、財務省と警察庁のホームページがサイバー攻撃を受けて閲覧不能に陥ったが、その後の調査で発信元の92％が中国からであったことが判明した。サイバー攻撃のきっかけは、尖閣諸島沖合に接近した中国機に対して、航空自衛隊の戦闘機がスクランブル（緊急発進）をかけたことに対する報復と考えられている。

警察庁によると、２０１０年に尖閣諸島沖合で中国漁船船長を逮捕したときと同様、大量のデータを送りつけてパソコンの機能を麻痺《まひ》させる「ＤＤｏｓ（ディードス）」攻撃で、通常の20倍の接続が集中し、約３時間にわたってホームページが閲覧できなくなった。分析調査の結果、サイバー攻撃の発信源85カ所のうち78カ所が中国で、残りは東南アジアの国からであることが判明した。

注意しなければならないことは、東南アジアからの攻撃が７カ所あったというのは、香港やインドネシアなど東南アジアに多数居住する「華僑」が発信源であったということである。

このときの掲示板にも、中国の情報収集機が尖閣諸島に接近したため、空自の戦闘機が緊急発進したことを伝える中国記事が貼り付けられ、その下に「攻撃目標」として防衛省と警察庁のホームページのアドレスが書き込まれていた。さらに同じ掲示板で財務省のアドレスも掲載されていた。防衛省のホームページは無事だったが、財務省のそれは閲覧不能となった。

一方、日本、米国、韓国の場合には北朝鮮からのサイバー攻撃にも対処しなければならない。北朝鮮から韓国へ亡命し、現在は韓国の脱北者団体の代表を務める張世律氏によると、「朝鮮人民軍では約300人のハッカーが、日米韓を対象にした攻撃ツールを作っていた」と明言しているが、彼自身がハッカー養成所と言われる「朝鮮人民軍指揮自動化大学」の出身であったから確かな情報である。

張世律氏によれば、北朝鮮は「通常戦力で劣るために、サイバー戦こそ戦争の勝敗を決する」と考えて、戦闘が始まる前にサイバー戦で敵国を混乱させ、戦力を削《そ》ぐことを重視していたと証言している。

これに対して、日本のサイバー戦への対応は遅れている。防衛省の技術研究本部で「サイバー兵器」に関する研究に着手したのは２００８年である。ウイルスを使って攻撃源を逆探知し無力化する「ネットワークセキュリティ分析装置」を3年計画でスタートさせ完成させたが、すでに時代遅れとなっている。

なぜなら、同装置では未知の脆弱性を突くウイルスを3個導入する計画だったが、完成した時点で、これらの脆弱性はすでに対策が講じられており、実用には適さなかったからである。

さらに、サイバー攻撃に対して「反撃」するためには、武力攻撃事態法でサイバー攻撃を「武力攻撃」とみなす必要があるが、日本は弾道ミサイルや航空機の攻撃など4種類の攻撃しか想定していないから、たとえ優れたツールが開発されても使いようがない。一刻も早く自衛権の発動対象に含めるよう、国内法を整備する必要があろう。

ただ、そうした中で、独立行政法人の「情報通信研究機構」が、世界に先駆けてサイバー攻撃があった場合に逆探知ができる技術を開発したので、武力攻撃事態法さえ整備されれば、相手に対して「反撃」が可能となる。

逆探知ができる装置を、政府内閣府をはじめ、防衛省、警察庁などが整備すれば、ただちに発信源に対して反撃ができるから、国家の安全保障は守れるし、国際社会からの非難を退け、制裁も与えることが可能となる。

　以上、日本の先細る防衛力を俯瞰して分かることは、米欧や中国をはじめとする主要国は、政治・経済・軍事・科学を巧みに融合させ活用しているのに対し、日本は政治も経済も軍事も科学も、すべてバラバラに対応しているために、パワーが発揮されていないことである。世界は宇宙時代に突入しているにもかかわらず、日本だけが相変わらず、個々の分野でバラバラの対応をしていたのでは、極東のローカルパワーに落ち込むのみならず、いずれチャイニーズの膝下に屈して、属国の屈辱を受けるのではなかろうか。つまり、１００年、２００年先を見据えた真の国家戦略を早急に立ち上げる時期に来ているといえよう。

5章　日本が生き残るための道

(1) 米国がグアム以西を中国に譲る日

早まる米国の衰退と、追撃急な中国経済

ＩＭＦは２０１１年現在の国際経済情勢が続いた場合、米国のＧＤＰは２０１６年には中国に抜かれて世界第２位に転落すると予測した。この米国経済凋落《ちょうらく》については、米国のグリーン・スパン前ＦＲＢ（連邦準備制度理事会）議長も、「２０１６年以降、米国の財政構造は着々と悪化していくであろう。米国経済は長期的な停滞状態に陥る可能性がある」と述べている。

このことは、たとえば１９８０年の中国のＧＤＰが３０３４億ドルで、米国の10％しかなかったものが、２０１１年には48％にまで拡大していることからも明らかである。米国の経済成長率が平均して３％前後を推移してきたのに対し、中国は10％を維持しつづけ、リーマンショックや欧州危機があったときでも、中国は７％台を維持していた。

各国のGDPに関して、国連のデータベース「UNデータ（National Accounts Main Aggregates Database）2012年」によると、1970年における米国のGDPは1兆2 40億ドルで、2010年には14兆4470億ドルとなっているから、40年間で14・1倍に増えている。

次に、日本のGDPは、1970年が2029億ドルであったものが、2010年には5兆4488億ドルとなっているから、40年間で27倍に増えたことになる。

一方、中国のGDPは、1970年が915億ドルであったが、2010年には7兆2 981億ドルとなっているので、この40年間に80倍に増えたことになる。

今後の予測では、IMFは2012年の世界経済を3・5％の成長と見込んだが、ギリシア問題のために、下方修正を余儀なくされている。実際、2011年の米国の経済成長率は1・7％で、デフォルト（債務不履行）の緊張が高まり、失業率も依然として高い。

さらに、2011年予算管理法に基づく財政赤字削減のために、政府支出は期待できない。なぜ、米国経済が凋落を始めたのかといえば、それはベトナム戦争に介入したことから貿易収支が悪化、ドルと金の兌換《だかん》を止める一方で、ドルを大増刷して国際通貨市場に流入させ、意図的なドル安政策を実施したことからであった。

ベトナム戦争の後は、湾岸戦争、コソボ介入、アフガニスタン戦争、イラク戦争、テロとの戦い等々、生産性のない戦争に国家資源を投入しすぎてきたことも原因の一つである。

加えて、国内ではサブプライム問題やリーマンショックなどで経済低迷を続けたところに、欧州債務危機の影響もあって輸出は伸び悩み、国内の住宅市場も長期低迷が続いている。このため、ＩＭＦは２０１２年の米国の経済成長率を２・１％と見込んだが、景気の下振れリスクもあるため、さらなる下方修正も考えている。

一方、中国の２０１１年の経済成長率は９・２％であった。しかし２０１１年の欧州債務危機から輸出が伸び悩み、自動車や家電などの生産が停滞するとともに、消費者の買い控えも進んだ。このため、２０１２年3月に行なわれた全国人民代表大会で温家宝首相は、２０１２年の成長率目標を7・5％に設定すると発表した。

中国は２００5年から、それまで10％以上の成長を続けてきた成長率を、8％前後に設定してきたが、いずれもこれを大幅に上回る率を達成しており、２０１２年も実際には7・5％を上回る成長が見込まれている。

これに対して、米国経済は対外戦争を起こすたびに成長率が落ち込むサイクルを繰り返してきている。イラク戦争後の治安維持やテロとの戦いでは、従来の戦争と異なって自爆テロの犠牲者も多く、腕や足を失う身体障害者として帰還する米兵も少なくない。社会保障費用が嵩《かさ》むうえに、それらの兵士たちは、就労者として社会復帰も叶《かな》わない失業者になっている。

一方で米兵の人件費は毎年4％ずつ上昇し、先端兵器の購入費も、毎年8％ずつ上昇していくことになる。

このことは、日本が米国から購入を予定していた「F-35」戦闘機の価格が1機191億円以上と跳《は》ね上がったことと無関係ではない。

2012年現在、バーナンキFRB議長は、失業率が高い一方で製造業における設備の稼働率が低いため、赤字国債の大部分を中央銀行が買い取り、その分の新たなドルを増刷して金融市場に投入してもインフレを起こすことはない、それゆえ、この状態を2015年まで続けるつもりであるという。

しかしながら、日本をはじめとする世界の主要国が米国の赤字国債を購入しつづけられなくなり、米国の中央銀行もドルを大増刷できなくなると、米国の債券市場は暴落し、必要な資本も借りることができなくなるので、米国の実質利子率は上昇して大不況に陥る可能性がある。

そうなったとき、どの国が米国に巨額の金を貸せるかとなると、おそらく中国しかないであろう。そうなると、中国が巨額の融資と引き換えに、米国にアジアから撤退することを条件に出すことは十分に考えられることである。

要するに、中国は軍事力で米国を凌駕《りようが》せずとも、経済力で米国の覇権を半分奪い取ることができるのである。日米同盟によって安全保障を依存している日本に正念場が訪れるのは、2016年以降、2020年までの間であろう。

これ以上の深化は期待できない日米同盟

日米関係は2013年現在、安倍内閣の登場でかろうじて良好関係を取り戻したが、米国の経済状況悪化につれて、この先、日本が米軍の肩代わりを要求される度合は強くならざるをえない。親米派の防衛問題専門家や軍事評論家は、日米同盟をいっそう深化させ、絆《きずな》を強くすれば、日本の安全は担保されると述べるが、それは軍事作戦面だけしか見ていないことから来る幻想である。

筆者は、経済面から見れば、今後5、6年を待たずして、米国はアジア駐留の負担に耐えられなくなると見ており、仮に米国が中東地域からアジアと西太平洋にプレゼンスを絞ったとしても、中国との軍拡競争に長期間耐えることは無理ではないかと考えている。無論、現段階では米国の軍事力は中国より質量ともに優秀であろうが、今後はその数量を縮小せざるをえなくなる。

さらに、2016年以降、仮に中国経済が米国を凌駕し、米国が巨額の緊急融資を中国に求める事態が招来した暁には、中国の交換条件として日米安保の破棄や、在日米軍の撤退を迫る可能性が高い。そうなれば米国の核の傘も、日本を守ることは不可能となる。

そして日本の防衛費も、現在より飛躍的に増額することはないであろうから、装備は質量ともに増えることはない。それゆえ日米安保が解消され、日本から米軍が撤退をした後に起こるのは、中国による尖閣諸島と沖縄の奪取であろう。なぜなら、沖縄諸島こそが、中国海空軍にとって、太平洋への進出を妨《さまた》げている厄介な存在だからである。

こうした場合、通常の国家であれば領有権を侵犯する航空機や艦艇に対して警告し、無視する者に対しては強制的に着陸させたり、拿捕《だほ》したりするのが通例である。それでも従わない場合は、軍事力を行使して撃墜、撃沈も辞さない。これは戦時国際法においても認められている軍事力行使であるから、戦争にはならない。

だが、日本の政治家や外務省官僚が、米国の経済的困窮から来る日米同盟の形骸化や、その後に起こる中国による軍事侵攻を想定しているとは思えない。幸い安倍政権は真剣にその点を考慮しているようであるから、期待してもよいかもしれない。

ところで、日本列島の周囲を周回飛行して、自衛隊や政府などの情報を取っているロシアや中国の軍用機に対して、航空自衛隊はスクランブル発進をし、領空侵犯を阻止しているが、このスクランブル発進をするのは通常2機の戦闘機である。なぜ2機かというと、万一、1機が撃墜された場合、侵犯事実が隠蔽《いんぺい》される危険があるからである。

それでも、中国やロシアの軍用機は懲《こ》りずに年間100回から200回にわたって領空侵犯を繰り返しているが、ケアレスミスで操縦を誤って領空侵犯をしたのではなく、明らかに侵犯の意図をもって接近してくるのであるから、警告を無視する場合は「警告射撃」を実施すべきで、命中させて撃墜しても、何ら外交問題には発展しない。

海上においても冷戦時代のスウェーデンは、自国の領海内に深く侵入したソ連潜水艦に対して、何度も警告をしたが無視されたため、爆雷を投下して撃沈しているが、外交問題にさえならなかった。

ただし尖閣諸島への中国による侵犯は、1992年に彼らが勝手に「領海法」を決めた時点で、日本は国際司法裁判所に提訴するなどして、断固として中国の強盗行為を排除しておかなければならなかった。このときの「事なかれ主義」が中国に自国領土と確信させるメッセージを与えてしまったので、警告無視などによって撃墜することが困難になっている。

ところが、もしも中国が初めから日本の離島や沖縄を奪取するつもりの場合は、50機、１００機の大編隊で来攻してくるわけであるから、自らミサイルを発射できない２機の戦闘機では対応できない。

海上においても同じである。尖閣諸島の接続水域に中国の艦艇が１、２隻現われて領海侵犯を行なった程度であれば、護衛艦は警告を発して退去を促し、仮に相手が発砲してきた場合は、応戦することもできよう。だが、中国の艦艇50隻が連《つら》なって押し寄せ、日本領海を侵しつつ、初めからミサイルや大砲を発射しながら近付いてきた場合には、護衛艦の１隻や2隻では対応不可能である。

また、中国漁船が尖閣諸島沖で海上保安庁の巡視船に体当たりした２０１０年あたりから、日米関係やアジア情勢に関する「安全保障フォーラム」が、国際政治学会、安全保障学会、防衛学会などで盛んに取り上げられ、時には海洋の安全を巡って東南アジア諸国の軍関係者を招いて討論会が開催されている。

しかしながら、そうした場での結論は、憲法改正、集団的自衛権の見直しと、日米同盟の深化に帰着している。要するに、アメリカ頼みに終始するだけで、米国抜きで日本が単独で国家の防衛を果たす防衛力を構築するという話は出てこない。

地政学や歴史を持ち出して、大陸国家に対しては海洋国家が連携を結ぶべしといった外交戦略は、21世紀の今日では通用しなくなっていることと、自国の防衛は自国で担《にな》う決意と努力が必要ということが、議題にならなければならないが、そこまで踏み込む知識人はいないのが現実である。

日本の核保有は是《ぜ》か非か

2012年12月、北朝鮮は新型の弾道ミサイル打ち上げを成功させた。米国や韓国によれば射程は1万kmで確実に米本土に届く性能を持つと分析している。もちろん、既存のノドンやムスダンあるいはテポドンなども、1000km以上の射程を有するから、日本へ打ち込もうとすれば確実に日本全土に着弾する。さらに2013年2月12日には、三回目の核実験を行なって世界を驚かせた。

北朝鮮が核実験を行なってすでに5年以上が経過しているため、すでに核爆弾の小型化にも成功したと考えられる。それによって核爆弾を弾道ミサイルに搭載することができるようになった。

一方、中国は日本に対して核弾道ミサイルを照準して、沖縄諸島侵攻へのチャンスをうかがっているが、その際の障害となるのが「日米同盟」である。ただ中国にとって都合のよいのは、米国経済が衰退を始めていることである。

こうした米国の経済的衰退が軍事力低下に繋《つな》がると懸念して、一部の日本人には独自に「核開発」をしようとする気運が出てきている。確かに米国の支援がなくなった場合、核爆弾や弾道ミサイルを保有する中国や北朝鮮から脅《おど》しを掛けられたら、日本は多くの分野で屈辱的譲歩を余儀なくされることになる。

では、日本はそうした屈辱を撥《は》ね除《の》けるために、核兵器を開発するべきであろうか。だが、筆者は核兵器の開発・保有には反対である。なぜなら、

第一に、核開発のための費用は馬鹿にならないほど大きく、財政難の折から何の生産性もない技術に、膨大な資金と人材を投入すること自体、何のメリットもないからであ

る。

第二に、たとえ核開発に成功しても、核爆弾として保有するには核実験をしなければならないが、日本国内はもとより、海外にも核実験を行なう場所はない。

第三に、核爆弾を保有しても、運搬手段がなければ効力を発揮できないから、改めて弾道ミサイルや爆撃機の開発が必要となる。

第四に、国際条約で全面的核兵器保有の禁止や、核実験の禁止がうたわれているから、これを破った場合には国際社会からの経済制裁が行なわれると予想される。日本は貿易で生存しなければならない国家であるから、国際社会から制裁を受けたら国民生活はすぐに破綻してしまうことになる。

第五に、核爆弾を保有すれば、それまでの味方であった米国が警戒をして、日本を敵視する政策に切り替えることは明白である。

第六に、戦後、日本が核廃絶の運動を国際社会に発信しつづけ、評価されてきたことの信用を失うことになり、国家のイメージダウンも甚《はなは》だしくなる。

第七に、日本が核兵器開発を決定するとなると、それを最も恐れるのは中国であり、日本が開発に着手すると同時に、日本の50基ほどある原発に弾道ミサイルを撃ち込んで、破壊する可能性が高い。そうなると、破壊された原発から大量の放射能が拡散するため、国民は日本列島に住むことができなくなってしまう。

そして日本人が米国やオーストラリアへ一時的な避難をしている間に、人民解放軍が日本列島を占領して除染作業を始めるというシナリオも否定できない。

以上の理由から、日本が独自に核兵器を保有することには反対である。ただ、米軍が日本から撤退するのと引き換えに、米国が核弾道ミサイルと発射のためのボタンを貸してくれるのであれば、中国などに対抗できるが、米国としては自国の利益が直接脅《おびや》かされる場合でなければ、同盟国といえども核兵器を貸すことはないであろう。

では、数年後に日米同盟が有名無実化し、核開発も不可能となった場合に、日本はいかなる手段・方法で国家防衛をすればよいのであろうか。遺憾ながら中国に舐《な》められきっている日本の外交官では、中国の対日侵略を止めることは不可能である。侵略された後に外交を駆使して国際社会を動かしても、その場合には、すでに尖閣諸島や沖縄諸島が中国領となっているであろう。

それでは、核兵器を保有できない日本は、数年後に起こるであろう中国人民解放軍の侵略行動を、座して待つだけでよいのであろうか。実は一つだけ解決策がある。それは日本人の持つ優秀な科学技術力を駆使すれば、６、７年で完成できる防衛技術である。

(2) 戦わずして勝つ「科学技術」戦略

世界に突出する日本のスーパー技術

科学技術の発展という面を考えてみると、われわれは「発明はすべて夢想から始まるもの」という認識を持たなければならない。科学技術者はその夢を実現するべく考究を重ね、やがて人々の前に実物を現わす。

ただし、せっかく「夢」を実現しても、国家的利益や国民的利益に繋がらなければ、巨額の予算と人員を投入した意味がない。

たとえば、米国は60年代から80年代にかけて、アポロ宇宙船やスペースシャトルを開発し、華々しい宇宙活動を展開した。もちろん、どの国も模倣することのできない技術ではあったが、米国の基幹産業とはならなかった。あくまでもロシアに対する軍事的優位を目指した国威発揚が目的だったからである。

ただアポロ宇宙船やスペースシャトルの事例で、われわれが教訓としなければならないことは、国家が金と人材を一つのプロジェクトに集中的に注ぎ込めば、実現不可能と考えられたような「夢の技術」でも、ほぼ10年以内には実用化できるという事実である。

過去の開発事例を見ても、米国は原爆を4年ほどで作り上げたし、電気を供給する原子炉を4年、原子力潜水艦を4年、原子力航空母艦を6年、コンピュータを7年で開発し、アポロ宇宙船は8年で実用化し、スペースシャトルも8年で完成させている。

一方、日本は戦艦大和を5年で開発し、新幹線を7年で開発したが、ドイツはジェット戦闘機を5年で、英国はジェット旅客機を4年で、ソ連は水爆を3年で、フランスはTGVを8年で完成させている。

英仏共同による超音速旅客機コンコルドは7年、中国の原爆は10年、といった具合に、国家が予算と科学技術者を集中すれば、たいていの「夢」と思われていた先端技術は、10年以内に必ず完成しているのである。

中国は、日本から得た新幹線をはじめとする各種のハイテクを、わずか1、2年で自家《じか》薬籠中《やくろうちゅう》のものとし、経済的・軍事的に活用して、あたかも自主開発したかのような顔をしているが、日本から得たハイテクを、数十、数百の技術に応用して新たな技術開発に繋

〔表―10〕開花直前の技術

○「電子・情報・光学」関連では、高速大容量通信システム、C4IS&Rシステム、自動翻訳機能付き携帯電話、情報防護システム、情報蓄積配分システム、各種センサー、照準精度、解像技術、など。 ○「航空技術」関連では、極超音速ターボジェットエンジン、パルスデトネーションエンジン、高高度偵察システム、エンジン素材、エアロトレイン、フロート技術、など。 ○「宇宙開発」関連では、自力発進の宇宙船、高分解能画像センサー、画像処理システム、合成開口レーダー、原子力エンジン、放射能遮蔽・除染技術、レーザー砲、同期衛星、宇宙からのレーザー発電、など。 ○「海洋開発」関連では、水中ロボット、エコシップ、海洋調査船、深海潜水艇、特殊タンカー、大型潜水タンカー、潮流発電、流体発電、メガフロート、など。 ○「自動車」関連では、暗視装置、リチウム電池、無人操縦車、水陸両用車、など。 ○「医療」関連では、各種先端医療機械、iPS細胞利用による各種医療技術、新薬開発、遺伝・免疫研究、仮想空間手術システム、など。 ○「建設」関連では、耐震・制震・免震技術、大深度掘削、など。 ○「ロボット」関連では、探査ロボット、災害救助ロボット、掘削ロボット、ロボット戦闘システム、など。

※「科学技術白書」など諸資料から著者作成

げているのである。

つまり予算と人材を集中的に投入すれば、夢の技術が完成するだけでなく、技術開発にともなう副次的効果として、多くの技術が民間企業の製品開発や部品開発を助けることになる。いわゆる「スピンオフ」が起こるのである。

一方で、日本では国家戦略がないために、せっかく一つの国家的プロジェクトを進めても、プロジェクトが終了すれば研究開発費は打ち切られるが、そうした皺《しわ》寄せは、民間企業にもおよぶことになる。

たとえば、宇宙ステーション補給機「こうのとり」（HTV）は三菱重工業が製造したが、その設計などは2001年には終了していた。だが、後に続く宇宙プロジェクトがないために、181人いた科学技術者は他の部門へ異動させられ、2013年の現在では58人へと縮小している。

すでに、文部科学省傘下のJAXAをはじめ理化学研究所や、高エネルギー加速器研究機構等の公的研究機関、あるいは大学・研究所が研究開発してきた諸々《もろもろ》の技術は、長い埋伏期間を経て、地上に芽《め》を出し、茎や幹として成長し蕾《つぼみ》にまで成長したものが多い。

これに花を開かせ、果実として収穫するために豊富な予算と人材を注《つ》ぎ込めば、いずれも数年以内に実用化する技術ばかりである。たとえば、すでに花を開いたり、開花直前（蕾）まで来ている技術としては189ページの〔表―10〕のようなものがある。

何が「夢」の実現を阻《はば》むのか

もちろん、これらの製品・部品を構成する材料として、耐熱、耐圧、耐酸、強度などの素材研究が不可欠である。

ただ問題の第一は、日本人科学技術者が次々と夢とも言える研究成果を出しても、夢を認めようとしない風土があることである。スーパーコンピュータの速度で世界一となった日本の「京《けい》」は、2012年6月には米国の「セコイア」に1位の座を明け渡したが、開発費が巨額なため世界一である必要はないのではないか、2番ではいけないのかと述べて予算を削ろうとした女性政治家もいた。

問題の第二は、文科省など政府機関に所属する研究は、予算配分、管理、人事などのすべてを、科学者ではない文科系の官僚が行なっていることである。官僚は、机上で空論を作ることには優《すぐ》れているが、独創性に欠けるのみならず、現場での実践経験がないため、新しいことを始めたがらず、責任回避の傾向が強い。

スペースシャトルが引退したら、国際宇宙ステーションへ日本人宇宙飛行士を送り込めないとして、日本は何度も米国に新たな宇宙船の建造を依頼していたが、それならば、日本版の有人宇宙船を一刻も早く建造することを、政治家や国民に働きかければよいのであるが、官僚の誰一人として提案したことがない。

同じことは、まだある。「F-35」戦闘機が高額で開発が遅れるならば、日本が独自に開発すればよいのに、日米同盟の米国依存だけを考えている政治家や官僚のために、国産化が図られない。

第三に、科学者や技術者あるいは研究者といった人々に対する評価がきわめて低いことである。たとえば、大学院で博士課程を終えて博士号を取得しても、大学では少子化のために専任教員として雇用しないし、企業にしても人事の都合で雇うことをしない。このため、2013年現在、日本には博士号を持っていても定職のない者（ポスドク＝ポスト・ドクトリアル）が30万人もいるのである。

欧米社会にもポスドクはたくさんいるが、彼らは最低年収として400万円ほどが国から支給され、政府研究所や大学で研究に従事し、成果を挙げると民間研究所や大学がすぐに引っ張るし、利益が挙がると判断すれば、仲間とともにベンチャー企業を立ち上げるが、それに対しても投資家はすぐに財政支援を行なう風土がある。

米国NASAが宇宙へ貨物を運搬する手段としてロケットの代わりに、宇宙エレベーターの開発を始めたのは2004年からであるが、米国議会はただちに250万ドルの研究費を承認している。ところがこれに使用される技術はいずれも、日本が開発した技術ばかりなのである。

結局、独創力を認められない日本の科学者たちは、外国の研究機関に逃げたり、大学や企業の研究所に移って研究を行なうことになるが、大学の場合には教育、企業の場合には利潤が優先されるから、独自の専門的研究は制約されることになる。

つまり、科学技術の重要性を認識し、戦略的思考で国家政策を進める政治家や官僚がいないから、せっかくのアイデアを外国に利用され、基礎的に開発された技術も外国に持って行かれてしまっている。

失われた20年の間に、中央省庁官僚の幹部も大手企業幹部も数々の失敗をしてきたが、誰一人として責任を取って辞任した者はなく、逆に合理化の名目で若手を組織から排除してきた。このため、過去20年間というもの、日本には新しい産業が創出されていない。

相変わらず、鉄鋼、自動車、家電が「基幹産業」となっている。だが、現在では世界中が同じものを基幹産業に据えているから、資源もエネルギーもない日本は衰退を続けるばかりである。〔表―10〕に掲げた科学技術に投資をすれば、「新たな基幹産業」となるものばかりであることを、政治家は見抜かなければならないときに来ている。

科学技術戦略の中核は「レーザービーム」と「宇宙船」

中国の戦略家、孫子は今から2500年前の春秋《しゅんじゅう》時代に現われた人物で「孫子の兵法」で名高い兵法書を著わしたことで有名である。彼は、過去の戦史研究の結果から、さまざまな法則や理論的な根拠を明らかにしたが、抽象的な概念や表現を嫌い、具体的・合理的かつ科学的な視点で物事を判断することを説いて、普遍的な真理を追究した。

孫子の兵法の真骨頂は、「戦わずして勝つ」ことにあるが、そのために情報収集と分析による「戦略の五原則」を創出した。その五原則とは、

① 非武力で国力を優勢にする（外交力と経済力の充実）
② 効果的な戦争決着（短期間で敵を撃破できる核兵器）
③ 負けないための万全な態勢（軍事力の圧倒的優勢）

④　勝つための万全な態勢（勝つための重要ポイントを押さえる）
⑤　戦力優勢下の戦闘展開（戦闘では圧倒的優勢を保つ）

である。

では、日本が戦わずして勝つ方法とは何かと言えば、それは「科学技術戦略」である。そして科学技術戦略の中核となるのが「レーザービーム」と「宇宙船」である。

まずレーザー技術は、光通信からプリンタ、材料加工、切断、ホログラフィ、核融合、距離計測、非破壊検査、レーダー、医療、軍事等々、その応用範囲はきわめて広く、現代科学における「魔法の杖」とも言われている技術である。

レーザーは、1950年代に入ってすぐに、米ソの研究者がルビーレーザーを発明したが、これ以降、炭酸ガスレーザーや半導体レーザーが開発されるなど、次々と新たな励起《れいき》装置が開発されていった。

中でも日本が最先端を誇っているのが自由電子レーザー技術である。自由電子レーザーは、多数の磁石を使用するが、効率よくかつ軽量の磁石を日立金属が開発したことで、自由電子レーザーの研究は一気に加速され、米国の主要なレーザー研究所はすべて日立製の磁石を使用しているほどである。

前述したように、ハイテク兵器の価格は年々高騰しており、オーガスチンの法則によれば、２０５４年には戦闘機１機で、全国防予算を上回るという予測がなされているほどである。それならば、レーザー砲を開発して日本各地に配備したほうが、確実に全国土の防衛を果たせるうえに、開発から得る技術が経済を活性化する効果も大きいのである。

一方、軍事用レーザーは、米国に一日《いちじつ》の長がある。これまでに米国が開発し実用化している、または実用化しつつある軍事用レーザービームとして何があるかと言うと、①炭酸ガス、②化学、③フッ化クリプトンガス、④自由電子などがある。

第一の「炭酸ガスレーザー」であるが、これはビームの中では、最も簡単な装置によって発生させることができるレーザーである。

米国は１９７５年にニューメキシコ州にあるカートランド空軍基地で、炭酸ガスに電気を放電させて５ｋＷ、波長10・6μ（ミクロン）の中赤外線を発生させ、耐火レンガに５秒間の照射を行ない穴を開けることに成功したが、これ以降、炭酸ガスは、各種産業界でも利用されてきている。

軍事用としては、米国はすでに１９８０年代初頭に、戦闘機から発射されたサイドワインダーミサイルをレーザー砲で撃墜している事実がある。

第二の「化学レーザー」は、ペンタゴンが1980年代に推進した「アルファ計画」において、フッ化水素を燃料として5MW（メガワット）の高エネルギーを発生させ、5000km彼方の目標に照射させるものであった。

ただ、化学レーザーの欠点は、大気中を進むとエネルギー減衰を起こすため宇宙空間に配備したほうが確実性はあるが、燃料補給の点で難点がある。ただし、装甲車や艦艇に配備すれば、燃料を絶えず補給したり、維持・点検が容易というメリットもある。

米海軍が立ち上げた「シーライト計画」では、中赤外線新型化学レーザーのテストで、2・2MWの出力に成功している。

日本における化学レーザーは、あくまでも研究用であるが、フッ素と重水素などによって発生させ、波長2・7～3・0μ、2MWの出力を出している。

ただ各種化学レーザーの問題点は、効率の割に燃料を大量に必要とするうえに、ヨードを使用する以外の化学レーザーは、猛毒ガスを発生する欠点がある。

また、1万km彼方の弾道ミサイル1発を照射撃墜するには、約250kgの燃料を必要とし、100発のミサイルを撃墜するには25tも必要となる。したがって、化学レーザーの場合は、地上に固定して対応するほうが適している。

第三に、ガスの一種である「フッ化クリプトンガスレーザー」は、フッ素、クリプトン、塩素、アルゴン、ヨード、水銀などを媒体とし、その波長は0・5〜0・19μできわめて強力である。このガスは緑青色をしていて、宇宙空間はもちろん、大気中での貫通性もよく、数千km彼方の大気中に雲や塵《ちり》などがあってもエネルギーが衰えることはない。

そのうえ、他の化学レーザーよりも効率がよく、短い時間内に反復して照射できる。また大型化することによってコストも安くなるという利点を持っている。

米国では1983年にロスアラモス国立研究所が、0・25μのフッ化クリプトンガスレーザーの照射に成功している。また日本においても核融合反応の目的で開発に成功しており、米国のそれよりも高い出力を誇っている。

第四に「自由電子レーザー」である。これは、強い電圧を加えて発生させた電子を巨大な加速装置の中を走らせ、その運動エネルギーをビームに変換させ、かつ増幅するもので、波長は3・4μから10μまでの高い出力を出すことが可能である。

この加速器の中には、多数の永久磁石がS極とN極に規則正しく配置され、電子が進入してくると、電磁石のためにジグザグ運動を強《し》いられるために、電子が光子に変わる。これを両端にミラーを取り付けた共鳴箱で発振させると、ビームとなって飛び出る。

自由電子レーザーは、大気貫通性がきわめて良好なため、巨大な熱エネルギーを照射することができ、装置が大きければ５０００ｋｍ彼方の目標を溶かすことができる。欠点は膨大な量の電気を必要とすることと、電磁石を多数並べるために加速装置が数十メートルと長大となり、重量も50ｔ近くなることである。

ただし21世紀の現在では、強力な永久磁石を日立金属が開発しているので、さらに研究開発を進めれば、長さも30ｍ以下、重量も20ｔで同じパワーが出せるまでに小型化できるので、原子炉さえあれば容易に電気エネルギーを連続して得ることができる。

自由電子レーザーは１９８０年代中葉で、すでにスタンフォード大学では40億電子ボルト、コーネル大学では80億電子ボルト、ロシアのノボシビルスク研究所では22億電子ボルト、ドイツのデシイ研究所では50億電子ボルトを達成し、１９９０年代になると日本の筑波研究学園都市にある高エネルギー加速器研究機構では、３００億電子ボルトの自由電子レーザーを完成している。

以上いくつかのビームを検討すると、地上の移動体や航空機に搭載するには炭酸ガスレーザーが適しており、宇宙船や艦艇に搭載して使用するには、原子炉さえあれば自由電子レーザーが最も有効なレーザー砲となろう。

特に弾道ミサイルのように数千km彼方から飛翔して来る物体に対しては、自由電子レーザーが最も有効に機能する。また護衛艦に積載すれば、洋上3mを這《は》うように飛んで来る巡航ミサイルに対しても、確実に撃墜が可能である。

では、これほど弾道ミサイルなどの兵器に対して有効なレーザー砲を、なぜ米国は実用化していないのかと言うと、出力を強力にすることはできても、マッハ20以上で飛翔する物体に照準し、かつ数秒間も照射しつづける技術を創り出すことができなかったからである。

だが、民生用レーザー技術で世界のトップを走る日本の科学技術であれば、高速移動物体に対する照準技術も困難な問題ではない。と言うのは、1985年にレーガン大統領が立ち上げた「SDI」研究プロジェクトに参加した日本人技術者は、この移動物体への照準技術に目処《めど》を付けていたと言われているからである。

弾道ミサイル迎撃の精度は、現状5割

そこで話を日本の防衛問題に戻すと、現在の日本が「日米同盟」に縋《すが》りついているのは、中国、ロシア、北朝鮮が保有している核兵器と弾道ミサイルのためであることは論を俟《ま》たない。

ただ、弾道ミサイルの速度は、中距離弾道ミサイルでも成層圏から大気圏に再突入してくるスピードが、マッハ15～20前後であり、これを迎撃するのは容易なことではない。大陸間弾道ミサイルの場合には、大気圏に再突入してくる際の速度は、マッハ26になるとも言われている。

また北朝鮮が２０１２年12月に打ち上げに成功した新型弾道ミサイルは、使い方として垂直に打ち上げた後、垂直に降ろす方法を取れば、イージス艦や「ＰＡＣ－３」で迎撃することは不可能となる。

実際、米国が行なっている弾道ミサイル迎撃実験は、カリフォルニア州のバンデンバーグ空軍基地から、模擬弾を搭載した弾道ミサイルをグアム上空に向けて発射し、これを近くのクエゼリン環礁から迎撃ミサイルで撃墜することを繰り返している。

ただし実験は、事前に弾道ミサイルの発射時刻と弾道ミサイルの種類をクエゼリン環礁の米軍基地に予告しているから、迎撃側はコンピュータによる計算で弾道ミサイルの軌道と到達高度、および到達予測時間を事前に把握して待機している。それでも成功率は五分五分であり、１００％の信頼は得ていない。

たとえ成功率が99％に上がっても、１％が不確定ならば、中国が対日照準している「東風-21」に搭載されている弾頭の威力は３００ｋｔであるから、一発の着弾だけでもその被害は広島型原爆の20倍であり、大都市は壊滅することになる。

結局、音速をはるかに超える弾道ミサイルを、ミサイルで確実に撃墜するのは困難であるが、光と同じスピードを持つ「レーザービーム」ならば問題はない。レーザー光線の速度は光と同じ秒速32万ｋｍであるから、秒速２万６０００ｋｍの弾道ミサイルの比ではないからである。

ところで米軍は、２０１２年7月に、前年退役した駆逐艦にレーザー砲を設置し、１海里（１・８ｋｍ）離れた小型ボートの船外機に自由電子レーザービームを照射し炎上させた。このときのレーザーの出力は１００ｋＷであったが、将来１ＭＷにして厚さ６ｃｍの鋼板を一瞬で貫通させるとしている。

軍事用レーザーは、ロシアや中国をはじめ各国で開発が進んでおり、たとえば韓国などもイスラエルの協力を得て、２００８年11月に北朝鮮から発射されると考えられる多連装ロケットを迎撃する兵器を開発したと発表している。ただ現在は出力が弱く、数百m離れた目標物を破壊する程度だが、２０１５年頃にはノドンミサイルを撃墜できるまでに、性能をアップできるとしている。

ただ遅い速度で飛翔する物体に照射するだけならば、米国もロシアもそして中国でさえ、人工衛星やスペースシャトルに照射することに成功している。それゆえ、もしもマッハ20以上で飛翔する物体に、数秒間照射する技術を開発すれば、史上最強の武器となるのは間違いない。

日本が起こしうる世界軍事史上の「大革命」

仮に、日本が「軍事用レーザー」と「照準追尾技術」の開発に成功すれば、世界の軍事戦略を一変させてしまうほどの大革命を起こすことになる。中国などの核兵器保有国がメガトン級の水爆を大量に保有して日本を脅しても、日本から見れば「オモチャ」を持っているにすぎなくなってしまうからである。

もちろん、移動しながら攻撃を行なう戦車や軍艦、あるいは戦闘機や宇宙空間の攻撃衛星であっても、撃墜は100%確実である。

また大挙して押し寄せて来る戦闘機や爆撃機があっても、戦闘機などの片翼先端部にレーザービームを照射するだけで、航空機は飛行不能となる。

軍艦の場合には、司令部のある艦橋上の各種レーダーや通信装置にレーザーを照射すれば、もはや軍艦としての機能は失われる。原子力潜水艦が海中深くから弾道ミサイルを発射しても、宇宙からの監視によってただちに発見し、ミサイルが海上から上昇を始める時点で撃墜が可能となる。

2013年2月に、南極海で調査をしていた日本の捕鯨船に、反捕鯨団体の高速船が体当たりするなど妨害活動を行なったが、レーザー砲があれば、エンジン部分や舵の部分にビームを照射し、航行不能とさせることも可能である。宇宙船にレーザー砲を搭載すれば宇宙から人命を殺傷せずに排除できることになる。

あるいは、日本は沿岸部に設置していた対人地雷100万個をすべて破棄しており、50tもの重量のある主力戦車も、かつての600両から、「22大綱」では400両に削減することになっているから、着上陸能力に長《た》けた中国軍が陸・海・空から一斉に離島などに侵攻して来た場合、現状ではこれを阻止するのは困難である。

だが、現在の主力戦車「10式」や「90式」の長さを2倍にするか、車体の幅を2倍に広げ、この広げた部分に「レーザー砲」を搭載すれば、100km先の戦闘機や10km先の軍艦などはレーザー砲で阻止できるし、3km先から海上を進んで来る水陸両用戦車には、日本の主力戦車からの120mm滑腔砲で確実に撃破することができよう。

また現行の「PAC-3」に替えて、全国48都道府県に2基ずつのレーザー砲を設置すれば、核弾道ミサイルを確実に防ぐことができるし、南西諸島や日本列島の日本海沿岸側に、小規模の陸上自衛隊の分屯地を設置して「レーザー砲搭載戦車」を数両ずつ配備すれば、着上陸作戦を防ぐことができよう。

レーザー砲は、兵器のごく一部だけに照射して兵器の機能を奪うもので、人命を一切損傷しない。したがって、軍事衝突によって敵も味方も血を流すことを徹底的に嫌う日本の「平和愛好主義者」にとっても、レーザー砲は理想的な防御兵器なのである。

また現在中国から日本列島へ押し寄せてくる微粒子状物質「PM2・5」も、レーザービームで消滅させることも可能となる。すでに数年前に米国のローレンス・リバモア研究所と、民間会社のダイパーズ社が、レーザーを使った大気汚染物質を除去する「ゼトロン」を開発しているが、これは工場から出る煤煙や化学物質、さらに悪息さえも除去できる。ゼトロンをさらに開発すれば、中国からの食品や製品に、積上げ港でレーザービームを照射し、毒性物質を除去できるし、スギ花粉や火山灰に対しても、有効な装置となりうるのである。

さらに、レーザー砲をより一層有効活用したいと考えるならば、宇宙船に搭載する方法が最適である。ただし、その場合の宇宙船は、現在宇宙開発の主力となっているカプセル型ではなく、護衛艦や潜水艦の形をした船体に、主翼と三角翼をつけた巨大宇宙船でなければならない。以下に説明しよう。

有人ロケットが解決できない４つの欠陥

現在、日米をはじめとする世界の宇宙開発国は、巨大ロケットを使って人工衛星や有人宇宙船を打ち上げている。だが実を言うと、人間を運搬する道具としては、きわめて危険な乗り物なのである。それでもロケットを使用するのは、危険が分かっていても解決方法が見つからないからである。

飛行機はたとえ巨大な馬力のエンジンを付けても、空気のない成層圏や宇宙空間を飛べないが、ロケットはそれが可能であり、人間を乗せない人工衛星の打ち上げならば、最適の運搬物体である。だが、人間を乗せて打ち上げるとなると、多くのリスクが発生する。では何が問題かと言うと、次のとおりである。

第一の欠陥は、長さが50ｍほどあるロケット本体は、一体成型されているのではなく、数ｍごとに輪切りにされた状態のものを繋ぎ合わせてできている。このため、数ｍごとの継ぎ目から化学燃料が漏れないよう、「Ｏリング」と言われる特殊ゴム（ゴムのパッキン）を挟んでいるが、氷点下の温度に対しては固まりやすく柔軟性が落ちる欠点がある。

特に冬季に打ち上げる場合は、地上での温度が１℃以上となる午後が望ましいとされている。

地上から10ｋｍ以上の上空へ上昇するにつれて、外気温はマイナス30℃、マイナス50℃、マイナス70℃という具合に、急速に冷却していくために、ゴムのパッキンなどは収縮を始め、そこから燃料が漏れる危険が発生するからである。

１９８６年1月に、打ち上げ73秒後に大爆発を起こしたスペースシャトル・チャレンジャー号は、スペースシャトル自体に欠陥があったのではなく、冷気温のためにＯリングが収縮したために胴体の継ぎ目から燃料が漏れ、これがエンジンから噴き出る炎に引火して大爆発を起こしたものである。

第二の欠陥は、宇宙ロケットの推進力が「液体化学燃料」に頼っているために、ロケット内部の構造が複雑を極めることである。

液体燃料は、推進力が大きいのと引き換えに、エンジン内の燃焼温度が3000℃に達するため、この高温に耐える材料がなく、その対策として燃焼室の中に細いパイプを数百本めぐらし、その中を極低温の液体水素を通して、高熱を気化させることによって熱を奪うシステムを取り入れなければならない。

そのため、部品は100万点にも達する。

第三の欠陥は、「打ち上げ時の巨大振動」である。有人カプセルの打ち上げとなると推進力を増すために、本体の周りに補助ロケットを何本も取り付けることになるが、必然的に燃焼の際の爆発による振動が大きくなる。

スペースシャトルの場合は、ロケット自体を含む総重量2000tもの巨体を、地上0mから持ち上げるパワーは凄まじく、スペースシャトルの船体に張り付けてある断熱材が、しばしば剝《は》がれていた。

実際、2003年2月にスペースシャトル・コロンビア号は、打ち上げの際の巨大振動で、船体表面に張り付けていた断熱材が数カ所剝《は》がれたまま宇宙でミッションを終え、帰還時の大気圏再突入の際に、剝がれた個所から1500℃もの炎がシャトル内部に侵入し、火災を発した末に大爆発を起こして、7人が犠牲となった。

第四の欠陥は、「天候」である。ロケットの打ち上げは、天気が晴朗で気温も1℃以上という条件であることはもちろんであるが、宇宙から帰還の際も、着陸地などの天候が荒れている場合は危険であるから、帰還を延長したり早めたりするケースがしばしば起こっている。

また宇宙から帰還する際には大気圏を突破しなければならないが、進入角度によっても摩擦熱の温度に差が出てくる。この層は高度150kmから80kmほどまでの空間で、機体にかかる空気抵抗が顕著となるが、大気圏に突入しているとき、物体の速度はマッハ20（時速2万km）以上になる。

このため、シャトル全体を覆っている熱保護シールド（断熱材）が灼熱と化し通信も途絶えるが、時間にしてわずか3、4分ほどである。もしも断熱材が打ち上げ時の振動で一部分でも剝がれていると、そこから1500℃もの熱が宇宙船内部に入り、大爆発を起こすことは、先にも述べたとおりである。

結局NASAは、「Oリング問題」や断熱材の「剝がれ」問題から発生する事故を避けるために、スペースシャトル方式を諦《あきら》め、アポロ宇宙船と同様にロケットの頭頂部に有人カプセルを載せる方式に切り替えることにした。

ロケットの打ち上げには、以上4つの問題があることが分かっているが、それを克服する対策が取れていない。このため、スペースシャトルは引退に追い込まれ、替わって数人が乗る有人カプセルがロケットの先端部に取り付けられることで、少しでも危険を少なくする方法が取られている。

しかし、ガガーリン少佐がロケットで人類初めて宇宙へ飛び出して以来、50年以上経っても、そして現在でも人類は相変わらず危険なロケットによって宇宙開発を計画しているのは、あまりにも能がない。

事実、米国と欧州は共同で、火星探査を見据えた4人乗りのカプセル型宇宙船を開発することを2013年1月に発表した。火星までの往復に2年から3年もかかるのに、カプセル型宇宙船では無謀である。しかし彼らにアイデアと技術がないのであるから、やむをえないともいえよう。

だが、実は日本は世界に先駆けて、ロケットの力を借りずに自力で発進できる巨大宇宙船を製造できる条件を、最も満たしているのである。それは、次世代の極超音速ジェット旅客機「SST」を開発する過程で、2007年に世界で初めて燃焼実験に成功した「スクラムジェットエンジン」の存在によって、自力発進の宇宙船建造が可能になったからである。

(3)　日本が世界最強国家となる日

地上から自力で発進できる日本の宇宙船

日本が想定している次世代型「ＳＳＴ」は、座席数３００、最高速度マッハ５、巡航速度マッハ２で飛行をし、航続距離１万ｋｍ以上で、形は三角形の両底辺角が後方へ突き出した「アロー型」と言われる形状である。

この旅客機は地上からは通常のジェットエンジンで発進するが、15ｋｍ上空から目的地近くまでは成層圏を飛んでいくから、そこではスクラムジェットエンジンで航行するが、かつての「コンコルド」が排出していた窒素酸化物も４分の１程度に抑えられるという優れものである。

ＪＡＸＡ（宇宙航空研究開発機構）は２００５年10月、スーパーコンピュータで設計した超音速旅客機（ＳＳＴ）の模型「ＮＥＸＴ‐１」を完成し、同年９月にオーストラリアで実験を行ない成功させている。

この極超音速ターボジェットエンジン（スクラムエンジンの1種）を搭載した実験機は、全長11・5m、幅4・7mのアルミ合金製で、重さは2t。実験はまず、全長10mのロケットで高度18kmまで打ち上げ、分離後、マッハ2で約15分間にわたって滑空飛行を行なった。

さらにJAXAの総合技術研究本部は、液体水素を燃料とする「極超音速ターボジェットエンジン」で、2007年に世界で初めての燃焼実験に成功している。

現在使用されている旅客機や戦闘機は、ジェットエンジンを推進力とするため空気を必要とし、空気が希薄となる高度15km以上になると推進力が落ちてしまう。このため、旅客機は1万m上空を亜音速である時速900kmほどで飛翔している。

そのうえ、現行のジェットエンジンの燃料はガソリンであるから、排出される窒素酸化物などは地球環境にもよくない。

そこで開発されてきたのが「スクラムジェットエンジン」である。このエンジンは水素と酸素を燃料とするが、排出されるのは「水」で窒素酸化物を出さない。しかもスクラムジェットエンジンはマッハ5から、理論上の上限であるマッハ15まで出すことが可能と言われている。

ただし、このスクラムジェットエンジンは、地上から発進することはできず、あくまでも成層圏内でしかパワーを発揮しない。

そこでペンタゴンはNASAの協力の下に、スクラムジェットエンジンを装着した「X-43A」の飛行テストを行ない、2004年3月に、「B-52」爆撃機で高度12kmまで運んだ後切り離し、そこからスクラムジェットエンジンを噴射して、マッハ7・7、同年11月にはマッハ11・8(時速1万1000km)を出すことに成功した。

「X-43A」は戦闘機用として開発されたが、戦闘機が敵と交戦する場合は、急激な旋回や上昇・下降を行なわなければならないが、現在の技術では、マッハ5以上ではGの圧力に耐える翼や胴体の素材がなく、またエンジン内部での燃焼温度も3000℃にも達する。そのため、飛行時間が数分間に限定されていることもあって、ペンタゴンは開発を中止してしまった。

ところが、NASAやペンタゴンが注目したのが日本の「はやぶさ」の素材技術であった。「はやぶさ」が地球帰還の際の大気圏再突入で、3000℃の高温を減速なしに無事に突破したことを、彼らが注目したのは当然であった。

もちろん、スクラムジェットエンジンを連続して3、4時間使用するには、「はやぶさ」の素材といえども無理である。だが「はやぶさ」の素材は、エンジンがマッハ5以上の高速を出して3000℃になっても、5、6分間は十分に耐えることができるから、15km上空から70kmまでの成層圏でマッハ5以上を出せば、3、4分で到達できる。

そして70kmから先は、船体に内蔵した固体ロケットを噴射すれば、容易にマッハ8以上を出せるので、宇宙空間へ飛び出すことができることになる。つまりSSTの完成よりもはるかに早く、自力発進の宇宙船が実現できるはずである。もちろん、マッハ11まで出せるならば、そのまま宇宙空間へ飛び出すことも可能である。ただし、300人を乗せて飛翔する必要から、あえて速度をマッハ5程度に抑えなければならない。

また巨大宇宙船の大きさは、ジャンボジェット機と同じくらいでも、まったく問題はない。ジャンボジェット機は450t、エアバス380は560t、ロシアのアントノフ輸送機は600tの重量があるが、通常のジェットエンジンで簡単に1万m上空まで飛翔している。

この巨大宇宙船の船体は、三菱電機が開発した宇宙ステーション補給機「こうのとり」を活用すればできるはずである。なぜなら「こうのとり」の長さは約10m、重量約10tであるから、単純にこれを20倍すれば、200mの長さと200tの宇宙船が造れることになる。宇宙船の形は護衛艦の形で、これに主翼を付け、尾翼は三角翼にすればよい。

日本が決意すれば、6、7年で完成

以上をまとめると、自力で宇宙へ飛び出す手順は、以下のごとくとなる。

①地上から通常のジェットエンジンで15km上空に到達したら速度をマッハ2まで上げる　②そこからスクラムジェットエンジンに切り替え、マッハ5で上昇すれば、慣性の法則も手伝って地上70km上空に達することができる　③さらに70km上空に達した後、尾翼となる三角翼に内蔵した2本のM‐V固体ロケットを噴射すれば、速度はマッハ8〜10ほどになるから、簡単に宇宙空間へ飛び出すことが可能である。

M‐Vロケットは、現在、さらに小型で強力な「イプシロン」ロケットとして開発を進めているから、自力発進の宇宙船にとっては強力なパーツとなる。

この間は、わずか4、5分で、速度もマッハ5であるから、スクラムエンジンの燃焼温度が3000℃になっても、十分耐えることができよう。日本の場合は、①から③までの技術をほぼクリアしているのである。つまり日本が決心さえすれば、自力発進の巨大宇宙船の実現は6、7年以内に可能である。

さらに、宇宙空間では船内の後尾に設置する小型原子力エンジンを噴射すれば、月までは半日で行けるし、火星でも1カ月あれば到達が可能となる。しかも乗員は30〜50人も乗船ができよう。

ただし原子炉は人間に有害であるから、少なくとも原子炉から50mは離しておく必要があるが、200mのボディならば、飛行士の居住区から遠く離れた場所に設置し防護シールドを備えれば、放射能の危険は避けることができよう。

また地球帰還の際に大気圏突入で発生する1500℃の高温にしても、「はやぶさ」が3000℃の高熱に耐えた素材を使えば、まったく問題はない。

そして、自力で発進できる巨大宇宙船が開発されれば、中国が尖閣諸島奪取のためにサイバー攻撃をしかけたり、弾道ミサイルや巡航ミサイルをはじめとする軍事力を使用した場合でも、巨大宇宙船は中国の軍事衛星やGPS網を形成する人工衛星を、すべて宇宙船の中に一時的に収納するか、人工衛星の目や耳の機能を奪う特殊カバーをかけてしまうことができよう。

宇宙からの目を失った場合、陸・海・空からの攻撃はもとより、サイバー攻撃さえ不可能となってしまううえに、中国国内の社会インフラも機能を失う事態となるから、国家も軍隊も人民も、まったく無防備な状態に置かれてしまうのである。

逆に中国から日本の人工衛星に対して、奇襲的に弾道ミサイルやレーザービームが撃ち込まれた場合には、すかさず発信源を宇宙船から強力なレーザービームで照射して、機能を奪うこともできよう。そして中国が謝罪したときには、中国製の人工衛星を宇宙船から釈放してやればよいのである。

このSST技術は、2013年現在、どこの国も開発を行なっていないから、日本が自力発進の巨大宇宙船を建造し、レーザー砲を搭載すれば、中国の軍事的脅しは無論のこと、世界中の軍事紛争も、一人の人命も損なうことなく平和裡に解決することができるのである。

日本経済を一気に上昇させる宇宙ビジネス

そして、仮に宇宙船の主翼と尾翼に飛行艇が使う「フロート」を装着できれば、海上から発進ができるので宇宙空間へ飛び出すのに有利な赤道近くまで洋上を移動できるし、帰還の際も天候には左右されずに、どの海域にでも着水が可能となる。

飛行艇に使用されるフロートは、日本だけが優れた性能を持っている。海上自衛隊の飛行艇「ＵＳ－２」は、波高が３ｍの海上でも離発水ができるが、これは旧海軍から受け継がれた技術で、他国の飛行艇は波高１ｍでも離発水が困難である。

また、現在、空の旅をするには必ず都市部から離れた飛行場（空港）まで出かけなければならないが、これは墜落の際の住居地の被害を避けることと、飛行機の騒音問題によるもので、空港はどの国でも都市圏から離れた遠隔地に設置されている。また飛行機は嵐が近づけば運航に支障が出るために休航せざるをえない。

しかし、海上から発進することができれば、たとえば東京港の埠頭《ふとう》へ行けばよいし、宇宙船もスクリューを使って遠く２００海里先まで出て、周囲に船がないのを確認してからジェットエンジンを噴《ふ》かして、離水することが可能である。

もちろん、世界中の海や湖から発進と着水が可能となるうえに、天候にはまったく左右されないから、宇宙への出発と帰還タイムは正確になる。そして各国がロケットを使って人工衛星を打ち上げているビジネスも、巨大宇宙船ならば、いちどきに大量の人工衛星を、望む場所に運搬して放出もできるようになるから外貨の獲得に貢献できよう。

仮に、中国の軍事衛星や情報衛星が故障をした場合には、日本の巨大宇宙船が回収して修理をし、望む場所に再放出をしたり、老朽化した人工衛星は、地上に落下させずに回収して打ち上げ国に戻すこともできよう。

そして巨大宇宙船を20隻ほど建造すれば、宇宙旅行ブームに火を付けることになるので、現在、一部の富裕層が数分間の宇宙遊泳に2000万円をかけて楽しもうとしている旅行も、中産階級でも100万円規模で可能となる。

さらに船体が200mもあれば、搭乗者が宇宙船内部で地上にいるのと同じ重力状態を創り出すことも可能となる。つまり「疑似重力」であるが、居住空間のすぐ外側の壁を一定の速度で回転させることによって、重力を創ることができるのである。そうなれば、宇宙旅行は本格的となって探査や調査のみならず、一般客はどっと押し寄せることになり、宇宙ビジネスは日本が独占状態になる。

また、日本のみならず、世界中が電力をいかに確保するかを巡って、原子力をはじめ、石油やシェールガスなどの開発に躍起となっているが、日本は今現在世界のどの国も開発していない「宇宙からのレーザーによる太陽光発電（L-SSPS）」を開発中である。

これはレーザーエネルギー技術総合研究所、大阪大学レーザーエネルギー学研究センター、神島《こうのしま》化学工業などがJAXAと共同で開発を進めているもので、宇宙で集めた太陽光を宇宙空間で「近赤外線レーザービーム」に変換して地上に送り、これを海水に照射して水素として取り出し、水素エネルギーとして利用する方法で、実用化の目標を2025年に定めている。

実用化すれば石油や原子力に替わって、日本から世界中に電力や水素ガスを輸出することが可能となるため、人類への貢献のみならず、外貨の獲得においても日本に莫大な利益をもたらすことが期待できる。

レーザー光から水素を発生させる水素変換システムは、宇宙空間にある人工衛星に取り付けた100平方mの巨大な2枚の鏡で太陽光を集め、他の人工衛星に送り込む。この第2の人工衛星の中で、太陽光を近赤外線レーザーに変換のうえ、洋上に設置した水槽に向けて照射させ、海水から水素を取り出すというものである。

近赤外線レーザービームに変換する利点は、レーザービームが通常の光に比べて拡散しにくく減衰しにくいうえに、大気や雲などに吸収されにくいことである。

現在の太陽光発電に利用される太陽エネルギーは、数十%しか利用できていないが、近赤外線レーザーはマイクロ波と異なって光が拡散せず、逆に収束する性質があるうえに、晴天でも夜間でも、太陽光の98%を利用できる優れものである。

実用化を2025年としているのは、太陽光を宇宙で集め、さらに近赤外線レーザーに変換させる実験用衛星を打ち上げる費用に四苦八苦しているからで、1基の打ち上げ費用が250億円もかかるが、巨大宇宙船を利用すれば何基でも簡単に設置が可能となる。

また地上でレーザービームを受けるのは、海ではなくても湖でもいいから、各都道府県にある湖沼に装置を設置すれば、電力供給を受けるので、地方経済の活性化にも役立つはずである。

宇宙塵の衝突を避けるために、どうするか

一方、巨大宇宙船が宇宙で活動するためには、必ずレーザー砲を備えておかなければならない。というのは、宇宙空間には無数の宇宙塵や、使用済み人工衛星の破片などが周回しているからである。スペースシャトルには、飛行中に何度も塵や小破片が窓ガラスに衝突したため、過去13年間の飛行で92回も窓ガラスを交換している。

レーザー砲を搭載しておくことで、宇宙塵などがコックピットの窓に衝突する前に、レーザー砲で溶かすことができるはずである。

2011年6月に、古川《ふるかわ》聡《さとし》さんが長期滞在のために国際宇宙ステーション（ISS）に赴《おもむ》いたが、到着してわずか10日もしないうちに、大きな宇宙塵（小天体）がＩＳＳに衝突する危険が迫ったため、連結していたソユーズ宇宙船に退避したことが報ぜられた。

長さが２００ｍもある巨大宇宙船ならば、炭酸ガスレーザーは無論のこと、原子炉で発生する電力で、５０００ｍ彼方まで届く自由電子レーザー砲を利用して宇宙塵を消滅させることができよう。

また日本が自力発進の巨大宇宙船を、中型旅客機として利用すれば、超音速ジェット旅客機よりもはるかに速く、１時間以内に地球上のどこへも到達できることになるから、航空業界に革命を起こすことになる。特にビジネス業界は、計り知れないほどの利益を挙げることができよう。

自民党安倍政権は、２０１３年１月に緊急経済対策として20・２兆円を決定し、特に震災復興や防災に力を入れるとともに、成長戦略として各種先端技術の研究開発にも支援を行なっていることは、高く評価したい。ただ、日本経済を真に活性化するには、189ページの〔表―10〕に掲げた科学技術に大胆な投資をすることであり、思い切って10兆円規模の投資と、５万人規模の科学技術者を雇用する大胆な長期経済戦略を、ぜひ立ちあげて欲しいものである。

もっとも「安全保障、経済活性化、雇用創出」などを一挙に実現しようとするならば、「自力発進の宇宙船」と「レーザー砲」そして「原子力エンジン」の3大研究開発に、4兆円と4000人ほどの科学技術者を投入すれば、5、6年以内に実現が可能である。

小天体「アポフィス」の接近

2013年2月に、ロシアに落下した隕石《いんせき》は、地球衝突前の大きさが17mで、1万tの重量があったことがNASAの分析で明らかになった。この落下では1240人が負傷したほか、建物などを破壊し、30億円の被害を発生させた。この隕石落下の衝撃は、広島型原爆の30倍と計算されたが、こうした小天体は、宇宙には無数と言っていいほど浮遊している。

しかも16年後の2029年4月13日には、小天体「アポフィス」が25万分の1の確率で、地球衝突の可能性があることを、2013年1月にNASAが発表し、さらに欧州宇宙機関（ESA）も、地球から1450万kmまで最接近したアポフィスを観察した結果、アポフィスの直径が325mであることを明らかにした。

実はアポフィスは、2004年6月19日、米国アリゾナ州にあるキットピーク国立天文台で、小天体の探査活動をしていたハワイ大学のロイ・タッカー教授らによって発見され、「2004MN4」と命名されていた。

もともと、2030年前後に小天体が地球に衝突するという情報は、天文台や人工衛星からではなく、ブラジル人預言者の「ジュセリーノ」という人物が見た夢に顕《あら》われたとして、米国NASAに手紙を送っていたものである。

ともあれ、この小天体は「アポフィス」と命名されたが、これは古代エジプトの悪神であるアペプをギリシア語でアポピスと呼び、ラテン語でアポフィスと呼ぶことに由来している。アポフィスは直径（長さ）約325m、質量7.5×10^{10}kg（質量7500万t）の巨大な岩石である。

広島型原爆の2万5000倍（1億TNTt）の威力を持ち、もし地上に衝突した場合は、北海道ほどの大地を壊滅させ、洋上に落下すれば1000km離れた沿岸にも高さ100mの巨大な高波が襲いかかるというシミュレーションが出ている。

ただし、その後の精密な調査で、アポフィスは地球に真正面から衝突することはなく、地球上空3万2000kmをかすめて通過することが分かった。だが安心できないのは、この高さは気象衛星や通信衛星の高さより4000kmも低いから、これほど近い接近となると、地球引力に引かれる可能性を否定できないのである。

実際、3万6000km上空にある静止衛星とはいっても、毎日、少しずつ地球引力に引っ張られて落下しているのである。このため、静止衛星といえども一定の時期が来ると小型ロケットを噴射して、元の3万6000kmの軌道に戻る作業を行なっているのである。

東日本大震災やスマトラ沖大地震が発生した原因は、プレートの動きが起こしたものであるが、その引き金となったのは実は月が満月になって、地球の海洋のみならず海底プレートも引っ張ったことにあるという説も出ているほどである。

しかもアポフィスは、2029年に地球引力に引っ張られて落下しなければ、2036年にも再び地球に接近するが、NASAは、このときには衝突する可能性が、わずかながらあることを示唆しているのである。

NASAによれば、現在「アポフィス」のような地球に衝突する可能性のある「地球近傍小惑星（NEA）」は、2万個以上存在すると推測しているが、その中には直径1kmほどの大きさのものが769個含まれているという。

現時点では、これらが地球に正面衝突する可能性は否定されているが、直径150m以下の小天体となると、現在の観測機器では、発見がきわめて困難である。

直径150m以下のNEAを見つけるためには、NEAの発見だけに特化した望遠鏡を作製して宇宙空間から監視するしかないが、そのための費用は11億ドル（約1000億円）ほどかかり、NASAの予算では賄《まかな》いきれない。

現在は、プエルトリコにあるアレシボ電波望遠鏡（口径305m）を使ってNEAの探査を行なっているが、年間数百万ドルもの費用が必要であり、資金提供をしている米国の国立科学財団も財政が逼迫《ひっぱく》しているため、資金提供の中止を検討していると言われている。

小天体が地球に近付いたら、核弾道ミサイルで破壊すればよいと思うかもしれないが、地球上空10万km付近で核爆弾を爆発させると、地球大気を守っているオゾン層や電離層を破壊し、太陽からの紫外線を直接受けて人類や生物は大被害を受け、情報・通信機器も使用が不可能となって、社会生活に大混乱を来すどころか生存さえもおびやかすことになる。

このため2008年2月に、天文学者などで構成する「地球防衛会議（Planetary Defense Conference)」がワシントンで開催され、世界中から天文学者が一堂に会して地球に接近する小惑星をいかに発見するか、そしていかに進路を逸《そ》らすかについて協議を行なった。

会議では核爆弾を論外とし、より現実的には宇宙船を小惑星の近くまで飛ばして停止させ、エンジンを噴射させて小天体の進路を逸らす案が有力とされた。

最も確実な方法は、巨大宇宙船を小天体に着陸させ、小天体に固体ロケットを設置して噴射させ、地球に近い軌道から大きく外すことである。そのためには、地球との距離が50万km以上（月と地球の距離は38万km）離れている段階で、そうしたミッションのできる宇宙船がなければならない。

巨大な岩石から成る小天体を移動させるには、長さ20mほどの強力な固体燃料ロケットが必要になる。だが、米国やロシア、あるいは中国が計画中の火星旅行に使用するカプセル型衛星船では、長い機材は運搬できないし、50万km彼方にある小天体に着陸して固体ロケットを装着のうえ、離脱することも困難である。

日本の持つ固体ロケットM－Vは、世界で最も優秀であるうえ、さらにM－Vを25mほどまでに小型化した「イプシロン ロケット」が開発されているから、これを小惑星に設置すれば、十分にアポフィスを地球の引力圏から離すことが可能である。

今から数年後のある日突然、直径50ｍほどの小天体が、地球衝突2日前に発見されるという緊急事態が発生したら、人類はいかに対応すればよいのであろうか。

その場合、現在の宇宙ロケットをただちに打ち上げて、小天体を破壊することは困難である。なぜなら50ｍもの巨大ロケットを、2日間で「組み立て」、「発射場への移動」、「化学燃料注入」をしなければならないうえに、「天候」が悪ければ発射ができないからだ。

だがレーザー砲を備えた宇宙船ならば、小型固体ロケットを積み込むだけで、ただちに洋上から発進が可能であるし、あるいは地域紛争監視のために常時地球上空を周回させておくことができれば、対処可能である。

科学技術の秘密保持が絶対不可欠

ただし日本がせっかく、自力で発進する巨大宇宙船やレーザー砲を世界に先駆けて開発しても、中国や北朝鮮、そしてロシアや韓国などに技術を盗まれたら、日本の防衛はもとより、世界から軍事紛争をなくそうとする日本の努力も無にされてしまうから、危機管理体制を、しっかり構築しておかねばならない。

産業スパイやサイバー攻撃などによる科学技術の窃取《せっしゅ》に対して、日本は徹底した情報管理体制を敷く必要があるが、そのためには、「科学技術管理委員会」をトップとして「情報管理センター」を設置し、国家を挙げて情報漏洩《ろうえい》を防がねばならないのである。

たとえば、「科学技術管理委員会」は、防衛省・自衛隊、警察庁・警察、国土交通省・海上保安庁などから、情報関連の担当者を集めて頭脳とし、この委員会の下に「情報管理センター」を設けて、経済産業省、法務省、文部科学省、外務省、農水省、環境省、厚生労働省、財務省などの担当者を配置する必要がある。

現在、内閣府にある「危機管理室」は、トップが警察庁や外務省の官僚であるが、「科学技術管理委員会」のトップは、自衛隊の統合幕僚長が適任であろう。危機管理室と異なって、科学技術管理委員会の長は、安全保障情報の現場に精通した者でなければならないからである。

日本が現在研究開発を進め、半分以上は成果を挙げている最先端の科学技術は、決して他国に盗まれてはならないものばかりである。これらのハイテクは、JAXAや理化学研究所などの政府機関にもあるが、民間企業が保有しているハイテクもきわめて多い。

特に、以下の技術は、日本が独自に開発中で、他国がまったく手を付けていないか、手を付けていても日本の技術が圧倒的に先行している技術である。それらは、「極超音速ターボジェットエンジン」、「エアロトレイン」、「フロート技術」、「原子炉」、「放射能遮蔽」、「宇宙からのレーザー発電」、「仮想空間手術システム」、「自動翻訳システム」、「耐震・制震・免震技術」、「大深度掘削」、「ロボット」などである。

現在、日本には産業スパイや機密漏洩を防ぐ法律として「不正競争防止法」があるが、この法律の目的は第1条に明記しているように、「事業者間の公正な競争及び国際約束の的確な実施を確保するため、不正競争の防止及び不正競争に係る損害賠償に関する措置等を講じ」と規定していて、主に企業が対象である。

しかしながら、右に掲げた科学技術は、企業よりも政府の研究機関、国公私立の大学・大学院で研究開発しているものが多く、より的確な法律が必要である。つまり、研究開発を行なっている組織の内部者が機密を「漏洩」する場合と、外部から正規、または不正規に研究組織に入り込んで技術を「窃取」する場合の2種類があるわけであるから、「機密漏洩禁止法」と「スパイ防止法」の2種類の法律が整備されていなければならない。

特に「窃取」の対象となっている大学・大学院などは、学生も含めて徹底した管理体制の構築と啓蒙教育が不可欠である。そのためには、まず反日歴史教育を徹底している中国や韓国、そして北朝鮮系の理系と文系の研究者、および技術者などを、研究所や大学院などで安易に雇用することは絶対に避けなければならないことである。「平和と友好」の文字に騙《だま》されて、日本の各種技術が簡単に窃取されたあげく、ブーメラン効果となって安全保障分野や産業界を苦しめていることを日本人は気がつかねばならない。

中国や北朝鮮そして韓国のみならず、米国やロシアのような技術大国にしても、日本人が「黄金の技術を生み続ける金のニワトリ」という認識を持っているからである。同時に若者教育においても、危機管理と安全保障に関する知識は、文系・理系の大学はもとより、女子大においてもカリキュラムの中で設置する必要がある。

ともあれ、経済力の低下とともに軍事力も削減しつつある米国に代わって、核兵器大国の中国が日本を属国にしようと虎視眈々《こしたんたん》と狙っている今日、日米同盟を深化させる程度の外交や、若干の防衛費を増額させる対策では、10年後の日本は、中国の自治区となっている可能性も否定できないのである。中国の侵略を撥《は》ね退《の》けるには、思い切った国家戦略を推進しなければ、あっと言う間に飲み込まれてしまうが、そのときになって同盟国の米国を非難しても後の祭りであることを、今から認識しなければならない。中国の軍事力は、現在、日本の防衛力の10倍以上あるが、日本の得意とする科学技術力をもってすれば、数年以内に中国の軍事力を封殺することが可能となる。ただ、それまでの間は、防衛体制を強固にするために自衛隊の配置を替えたり、不足するイージス艦や「ＰＡＣ－３」などを充実させておく必要があろう。

さらに、ハイテク戦闘機や巡航ミサイルの開発にも着手し、レーザー砲や巨大宇宙船の実用化が遅れる場合も想定して、万全の防衛体制を築いておく必要がある。そのうえで、中国を刺激しないよう冷静な話し合いを持つべきである。

参考文献

『日本の防衛 平成24年版』防衛省　２０１２年8月
『防衛ハンドブック 平成24年版』朝雲新聞社　２０１２年3月
『世界軍事情勢　２０１３年版』(財)史料調査会　原書房　２０１３年2月
『中国の軍事力』茅原郁生　蒼蒼社　２００８年10月
『中国――崩壊と暴走、三つのシナリオ』石平　幸福の科学出版　２０１２年5月
『中国人民解放軍 知られたくない真実』鳴霞　潮書房光人社　２０１２年6月
『日本が中国になる日』ＤＲＣ中国研究会　光人社　２００８年3月
『ニュー・フロンティア戦略』杉山徹宗　幸福の科学出版　２０１１年1月

"The New York Times", "The Washington Post", "The Daily Telegraph"
"The Military Balance", International Institute for Strategic Studies, August 2012
"Armaments, Disarmament and International Security", SIPRI Year book, March 2012

"Military and Security Developments involving the People's Republic of China 2012" May 2012
"DCAA CONTRACT MANUAL",Department of Defense, Defense Contract Audit Agency, July 2003
"U.S Space Programs: Civilian, Military, and Commercial", Marcia Smith, Congressional Research Service, May 2001
ANNUAL REPORT TO CONGRESS,"The Military Powers of the People's of China 2010" Department of Defense, August 2010
"Military Balance 2008-2009", Oxford University Press for The International
"Quadrennial Defense Review Report 2010" Department of Defense, 2010

キリトリ線

★読者のみなさまにお願い

この本をお読みになって、どんな感想をお持ちでしょうか。祥伝社のホームページから書評をお送りいただけたら、ありがたく存じます。今後の企画の参考にさせていただきます。また、次ページの原稿用紙を切り取り、左記まで郵送していただいても結構です。

お寄せいただいた書評は、ご了解のうえ新聞・雑誌などを通じて紹介させていただくこともあります。採用の場合は、特製図書カードを差しあげます。

なお、ご記入いただいたお名前、ご住所、ご連絡先等は、書評紹介の事前了解、謝礼のお届け以外の目的で利用することはありません。また、それらの情報を6カ月を超えて保管することもありません。

〒101―8701（お手紙は郵便番号だけで届きます）
祥伝社新書編集部
電話03（3265）2310
祥伝社ホームページ　http://www.shodensha.co.jp/bookreview/

★本書の購入動機（新聞名か雑誌名、あるいは○をつけてください）

＿＿＿＿新聞の広告を見て	＿＿＿＿誌の広告を見て	＿＿＿＿新聞の書評を見て	＿＿＿＿誌の書評を見て	書店で見かけて	知人のすすめで

★100字書評……中国の軍事力 日本の防衛力

名前

住所

年齢

職業

杉山徹宗　すぎやま・かつみ

1942年東京生まれ。慶應義塾大学法学部卒。米国ウィスコンシン州立大学大学院修士課程修了。カリフォルニア州立大学講師を経て、明海大学教授等を歴任。現在、「(財) ディフェンス リサーチ センター」専務理事のほか、自衛隊幹部学校講師。法学博士。総合政策危機管理学会会長。著書に『中国4000年の真実』『軍事帝国 中国の最終目的』(ともに祥伝社)、『稲作民外交と遊牧民外交』(講談社)、『勝者の戦略』『なぜ日本が中国最大の敵なのか』(ともに光人社) など。論文、翻訳書も多数。

中国《ちゅうごく》の軍事力《ぐんじりょく》 日本《にほん》の防衛力《ぼうえいりょく》

杉山徹宗《すぎやまかつみ》

2013年4月10日　初版第1刷発行

発行者……………竹内和芳
発行所……………祥伝社《しょうでんしゃ》
〒101-8701　東京都千代田区神田神保町3-3
電話　03(3265)2081(販売部)
電話　03(3265)2310(編集部)
電話　03(3265)3622(業務部)
ホームページ　http://www.shodensha.co.jp/

装丁者……………盛川和洋
印刷所……………堀内印刷
製本所……………ナショナル製本

Printed in Japan　ISBN978-4-396-11317-9　C0231